ゲノム編集とは何か

「DNAのメス」クリスパーの衝撃

小林雅一

講談社現代新書

2384

はじめに

あなたは、これまでに「自分を変えたい」と思ったことはないだろうか？

たとえば自分の顔、身長、体型、性格、知能、運動能力、さらにはアレルギーなど各種体質……これら全てに満足している人など、この世の中に、ほとんどいないだろう。これらを（たとえ、ほんの一部でも）自分の望み通りに変えることができたら、つまり自分が（たとえ、部分的にでも）別の自分に生まれ変わることができたら、どんなにうれしいだろう。

あるいは、「自分は無理でも、せめて生まれてくる我が子には、（誰よりも強く、賢く、美しく、そして何より健康になって）もっと良い人生を送ってほしい」と望んだことはないだろうか？

いきなりそう言われても、にわかに信じられないかもしれないが、（少なくとも技術的には）それが可能になる時代が間近に迫っている。なぜなら、冒頭に列挙した特質の全てに遺伝子が強く関与しており、これを操作する遺伝子工学や生命科学の分野で今、過去に類を見ない驚異的な技術革新が起きようとしているからだ。

それは「ゲノム編集」と呼ばれる超先端技術だ。この技術を使えば、医師や科学者らが狙った遺伝子をピンポイントで修正することが可能になってきた。まさに「神の技術」と呼んでも過言ではないだろう。このため全世界の生命科学者や医学者らが今、まるで何かにとりつかれたようにゲノム編集の研究開発に取り組んでいる。

もちろんこれ以前にも、植物や動物の遺伝子を操作する「遺伝子組み換え」という技術が、すでに1970年代からあった。たとえば私たちが新聞やテレビなどで時々目にする「遺伝子組み換え作物（GMO）」や「ノックアウト・マウス」などと呼ばれるものは、この遺伝子組み換えによって実現されている。

しかし、この技術は精度に大きな問題を抱えていた。つまり、たった1個の遺伝子を組み換えるために、科学者が1万回、あるいは100万回もの実験を繰り返したあげく、やっと1回だけ狙った通りに組み換えることができるという、極めて精度の低い技術であった。それは「偶然」ないしは「運」に頼ったような、ランダムな技術だったのだ。このため、遺伝子組み換えを行うには膨大なコスト（お金）と期間を要するのが常であった。

これに対しゲノム編集では、科学者が狙った遺伝子やDNAを構成する「G」「C」「A」「T」からなる無限に近い文字列を一文字一文字、ピンポイントで削除したり、書き換えることができる。あたかもワープロで文章を編集するように、私たち生物の設計図であるDNAを自由自在に書き換えることが可能になってきたのだ。

中でも「クリスパー」と呼ばれる最新鋭のゲノム編集技術は、専門家が「高校生でも数週間で使えるようになる」と太鼓判を押すほど扱いやすい技術だ。これによって、従来の遺伝子組み換えに要していた期間やコストが劇的に圧縮された。

クリスパーはまた、極めて汎用性に富む技術で、あらゆる動物や植物のDNAを操作することができる。すでに世界中の科学者たちがこの技術を使って「肉量を大幅に増やした家畜や魚」あるいは「腐りにくい野菜」、さらには「（患者の治療に役立てることを目的に）人と同様の病気を意図的に発症させたマカクやマーモセット（いずれも実験用の小型猿）」などの開発に成功している。

クリスパーは近い将来、間違いなく人間（患者）の治療にも適用される。すでに、そのための基礎研究が日米英など世界各国で猛烈な勢いで進んでいる。特に「メンデル性疾患」と呼ばれる一群の遺伝病では、その原因となる遺伝子変異が明確に特定されているため、クリスパーで治療しやすい。

たとえばクリスパー発明者の一人であるジェニファー・ダウドナ博士（米カリフォルニア大学バークレイ校教授）は、「（先天的な遺伝性疾患などを治すため、生まれる前の受精卵の段階で）クリスパーで遺伝子改変された赤ちゃんが生まれるのは時間の問題。その瞬間は遅くても10年以内に訪れる」と語っている。

クリスパーのようなゲノム編集は「遺伝子治療」や「iPS細胞（人工多能性幹細胞）」、さらには「細胞移植治療」など異なる技術と組み合わせることにより、何らかの病気が発症してしまった患者にも適用できる。たとえば京都大学iPS細胞研究所や米サンガモ・バイオサイエンシズなど世界各国の医療研究機関が、「筋ジストロフィー」や「エイズ」など難病に苦しむ患者を遺伝子レベルで根治させるため、ゲノム編集による新たな治療法の研究を進めている。その一部は既に臨床試験の段階に入っている。また、この技術でダウン症を治療するための基礎研究も始まっている。

クリスパーはまた、各種のがんや糖尿病、あるいはアルツハイマー病など、現代社会で多く見られる病気の治療にも応用できる。ただし、これらの病気は、いくつもの遺伝子変異が環境要因と相互作用しつつ、複雑に絡み合って発症すると考えられている。これら複雑な病気の原因となる遺伝子変異や、その発症メカニズムは現段階では、あまりよくわかっていない。

ここで大きな役割を果たすのが、グーグルやアマゾンなど世界的なハイテクIT企業だ。彼らは今、様々な病院や研究機関などと連携し、無数の患者から集めたゲノム（DN

A)・データをクラウド上に集積。こうした医療ビッグデータを「ディープラーニング」のような先端AI（人工知能）でパターン解析することにより、複雑な病気の原因遺伝子や発症メカニズムを解明すると見られる。

特にグーグルは傘下の投資会社を経由して、「エディタス・メディシン」という米ベンチャー企業に投資。エディタスはクリスパー発明者の一人であるフェン・チャン氏が設立した、画期的な医療技術を開発する会社だ。同社はグーグル以外にも、米マイクロソフト創業者のビル・ゲイツ氏らから総額10億ドル（1000億円前後）もの巨額資金を調達している。

グーグルは今後恐らく、最先端の人工知能によって突き止めた病気の根本原因を、「DNAの（外科手術用）メス」とも呼ばれるクリスパーによって遺伝子レベルで手術する研究に乗り出す。エディタスへの投資を決めたのは、その第一歩と見ることができる。

こうした医療への応用は、もっと危うい側面と表裏一体の関係にある。つまり、この技術を「人類の改良」に使おうとする考え方もあるのだ。たとえばクリスパー研究の第一人者、ジョージ・チャーチ博士（米ハーバード大学・医学大学院教授）は「ちょうど美容整形をするような気持ちで、自分の遺伝子を改良する時代がいずれ来る」と見ている。

すでにチャーチ博士は「骨を強化して骨折しないようにする」「心臓病にかかりにくい体質にする」など10項目に上る候補遺伝子を特定し、いずれこれらをクリスパーで改良することで「人類を強化する（enhance human）」という計画を明らかにしている。

他にも、お肌のシミやシワなど老化を防ぎ、若返りすら可能と見る専門家もいる。つまり、従来の美容整形手術やダイエット、あるいはウエイト・トレーニングや健康増進プログラム等とは全く次元の違う方法によって、遺伝子レベルで自分を強化し、美しくすることができる。

このインパクトは計り知れない。

しかし、たとえ技術的には可能でも、倫理的にそれは許されるのか？

たとえば、これから生まれてくる赤ちゃんを受精卵の段階でゲノム編集すれば、高い知能と強靱な肉体、そして美貌を兼ね備えた「デザイナー・ベビー」を親が意図的に作り出すこともできる。だが、それは一方で、そうした「完璧な赤ちゃん（長じては成人）」以外は、この世に存在することが許されない」とする、いわゆる優生学的な思想の復活につながりかねない。

このため2015年12月、世界中の生命科学者が米ワシントンDCで国際会議を開いた。この会議では「ヒト受精卵のゲノム編集は当面、基礎研究に限定し、臨床（実際の治療）は禁止する」というモラトリアム（臨床応用の一時停止）が採択された。

しかし基礎研究が許可されたということは、いずれ臨床に応用される時期が来ることを意味する。つまり、いつか人類はこの問題に真正面から向き合わねばならないのだ。

ゲノム編集はまた、私たちの食生活にも大きな影響を与える。従来の遺伝子組み換えで作られた農作物（ＧＭＯ）には、日米欧をはじめ各国政府による規制がかけられてきた。しかしクリスパーで作られたゲノム編集作物は「従来のＧＭＯの枠組みには入らない」として、米国では規制の対象外となりつつある。しかし、これで本当に私たちの食の安全が保障されるのか？　その議論は未だ、ほとんど始まっていない。

もっとスケールの大きな問題もある。それは「遺伝子ドライブ」と呼ばれる技術の登場だ。遺伝子ドライブとは、たとえばアフリカのサハラ以南でマラリアを引き起こす蚊などを、遺伝子工学の力を使って人間が意図的に駆逐してしまう技術だ。これまでは実現が難しかった遺伝子ドライブだが、最近になって米カリフォルニア大学の研究チームがクリスパーによって、遂にこの技術を開発することに成功した。

しかし食物連鎖の末端に位置する「蚊」のような昆虫を人類が工学的に駆逐するとすれば、それは長期的に見て地球の生態系に思わぬダメージを与える恐れがある。そして一旦破壊された生態系は二度と元に戻らないかもしれない。このため米国科学アカデミーなどが、これにもモラトリアム（一時停止）をかけようとしている。しかし、最近、ブラジルなど中南米で流行している（同じく蚊を媒介とする）ジカ熱の撲滅にもつながるとして、「今すぐにでも遺伝子ドライブを実用化すべきだ」と訴える科学者も少なくない。つまり予断を許さない状況にある。

以上のように「人間や動植物のDNA（いのち）」さらには「地球の生態系」をも変える力を手に入れたことで、人類は今まさに「神の領域」に足を踏み入れようとしている。しかし、この驚くべき事実は意外に知られていない。確かにクリスパーなどゲノム編集については最近、新聞やテレビなどでも時折報じられるようになったので、ご存じの方も少なくないだろう。ただ、その具体的な実像となると、そう詳しくは説明されていない。

特に従来の「遺伝子工学（遺伝子組み換え）」などと、どこがどう違うのか？

この点がいま一つピンとこない方も多いのではないか。本書はここに力点を置き、従来の遺伝子組み換えとゲノム編集の違いを徹底的に解説し、その絶大な威力を紹介する。

読者の皆さんは、ふだん仕事や日常生活の忙しさに追われて、生命科学や遺伝子工学の最前線をフォローする時間など、なかなかとれない人が多いかもしれない。本書はそうした方々のために、ゲノム編集という空前の技術、そしてそれが私たちの人生や暮らし、さらには社会に与えるインパクトなどをわかりやすく説明した。また分子生物学や遺伝学など、21世紀を支える生命科学の基礎知識を吸収する参考書としても、お使いいただけると思う。

ここまで紹介した数々の奇跡を起こす力を、本当にゲノム編集は持っているのか？　誇張されていると思われるようなら、ぜひ本書を読んで、この技術の実態を把握してほしい。その上で、「神の力」を手に入れた人類が、今後どんな方向に進んでいくべきかを、私たちみんなで考えていければ幸いである。

著者

２０１６年８月

目次

第一章

「人間の寿命は500歳まで延びる」は本当か

——ゲノム編集「クリスパー」の衝撃

DNAのメス

1987年、大阪大学・微生物病研究所に所属する石野良純氏(現・九州大学教授)らのグループは、一篇の論文を学術誌に発表した。その中で彼らは、大腸菌のDNA内に、それまで見たことのない奇妙な塩基配列を発見したと報告したが、「その生物学的な重要性は知られていない(=不明である)」と書き足して、ひとまず評価を保留した。

それから四半世紀以上の歳月が流れた今日、この塩基配列の「生物学的な重要性」はくまなく知られることとなった。これをベースに開発された新たな遺伝子操作の技術が、全世界の科学者やバイオ企業らを熱狂と喧噪(けんそう)の渦に巻き込んでいるのだ。

この画期的な技術は「クリスパー・キャス9(CRISPR-Cas9)」、あるいは単に「クリスパー」と呼ばれる。

クリスパーは2012年頃、欧米の大学や研究機関を中心に開発された。それは、大腸菌のようなバクテリア(細菌)が持つ高度な免疫機能を、遺伝子操作(より正確にはDNA操作)へと応用した先端技術だ。これがなぜ、世界中の科学者や産業界に、それほど大きな衝撃を与えているのか?

その理由は、クリスパーがDNA上の狙った個所をピンポイントで切断、あるいは改変する驚異的な精度とスピードにある。このためクリスパーは「ＤＮＡのメス」という異名を持つほどだ。それは従来の遺伝子操作技術とは比べ物にならないほど、正確で迅速なゲノム（全遺伝情報）の書き換えを可能にする（ゲノムや塩基配列など、分子生物学の基礎知識は第二章で解説）。これを理解するための準備として、「そもそも従来の遺伝子操作技術とはどんなものであるか」を以下、簡単に見ていこう。

「遺伝子組み換え」の限界

従来の遺伝子操作技術は、１９７０年代に端を発する古い技術である。私たちが新聞やテレビで時々目にする「遺伝子組み換え」などと呼ばれる技術がそれに該当する。たとえば「遺伝子組み換え作物（ＧＭＯ）」あるいは「ノックアウト・マウス」などという言葉を、読者の皆さんもお聞きになったことがあるはずだ。これらはいずれも従来型の遺伝子操作、つまり「遺伝子組み換え」によって実現されたものだ。

こうした遺伝子組み換えは、基本的に「バクテリア（細菌）」や「植物」、あるいは「動物」など他の生物が持つ遺伝子を、（特殊なウイルスやバクテリアの感染力を使うなどして）目的とする植物や動物など（のＤＮＡ）に組み込むことで実現される。

たとえばトウモロコシに、「Ｂｔ（バチルス・チューリンゲンシス）」と呼ばれる殺虫性バクテリアの遺伝子を導入することで、「害虫への抵抗性を備えたトウモロコシ」が実現される。これは前述の「遺伝子組み換え作物（ＧＭＯ）」の一種だ。あるいは正常にインスリンを分泌する人の遺伝子を取り出し、これを大腸菌に組み込むと、この大腸菌が人型インスリンを生産するようになる。これは糖尿病の患者に投与される「バイオ医薬品」として広く使われている。他にも世界中のバイオ・メーカーが、そうした遺伝子組み換え技術を使って、多種多様なＧＭＯやバイオ医薬品を製品化している。

もちろん動物でも遺伝子組み換えは行われている。たとえばマウス（小型ネズミ）に、あえて本来とは異なる遺伝子を導入することで、実質的にその遺伝子を破壊したのと同じマウスを実現できる。これが前述のノックアウト・マウスで、主に分子生物学や医学、あるいは神経科学などの分野で実験用動物として使われている。たとえば特定の遺伝子を破壊したことによって、そのマウスが何らかの病気を発症したとすれば、その遺伝子が病気を抑える役割を果たしていたことが判明するなどして、医療研究に資することになる。

このように「遺伝子組み換え」は多方面に活用され、中にはＧＭＯのように（その種子だけで）世界全体で年間約４００億ドル（４兆円前後）の売上を記録するなど、一大産業を形成している分野もあるが、そこには根本的な問題がいくつか残されている。

まず一つは技術の精度に関する問題である。簡単に言えば、従来の遺伝子組み換えでは、これから導入しようとする遺伝子を（ターゲットとなる生物のDNA上の）狙った場所に組み入れるのが容易ではなかった。つまり科学者らが何度試みても、間違った場所に遺伝子を組み入れてしまうことが多かったのだ。

たとえばノックアウト・マウスを作ろうとするときには、研究者が「マイクロインジェクション」と呼ばれる作業を１００万回以上も繰り返した揚げ句、ようやく1回だけ狙った通りにできるといった、極めて成功率（的中率）の低い技術だった。このため、十分な訓練を積んだベテラン研究者でさえ、目的とするノックアウト・マウスを作るために1年以上も要することが珍しくなかった（詳細は第三章で）。

同じことは、前述のGMOやバイオ医薬品についても言える。たとえば稲の遺伝子を組み換えて、収穫量の大きな新品種（GMO）を作り出そうとした場合、変異が（DNA上の）正しい位置に入る確率は1万分の1程度と言われた。バイオ製品もまた、しかり。いずれも組み換え精度の問題などによって、製品化までに極めて長い開発期間と膨大な費用がかかる。

さらに従来の技術には、「汎用性に乏しい」という問題もあった。たとえばノックアウト・マウスを作るために使われた組み換え技術は、あくまでマウスだけに通用する技術であって、マウスよりも大きな「ラット（大型ネズミ）」で同じことをやろうとしても上手くいかない。

要するに従来の遺伝子組み換え技術は、「組み換え」という言葉から連想される自由自在なイメージとは裏腹に、実は様々な問題や限界を抱えた不自由な技術だったのだ。

過去に類を見ないスピードと汎用性

一方、新たな遺伝子操作技術「クリスパー」は、従来の組み換え技術が背負わされた、それらの問題や限界を全て取っ払ってしまう。中でも重要なのは「組み換え精度」の問題である。前述のように、従来の遺伝子組み換え技術は「100万回に1回の成功率」といった、ほとんど偶然（運）に頼ったような確率的手法だった。

これに対し、クリスパーでは（科学者が）DNA上の狙った遺伝子をピンポイントで切断したり、改変することができる（現時点で、その成功率は100パーセントまではいかないが、それに近いレベルには達しており、今後、ますます精度に磨きがかかってくると見られる）。

さらに、そうした高い精度に勝るとも劣らないクリスパーの長所は、「技術の使いやすさ」である。従来の遺伝子組み換え技術は、長年にわたって地道な訓練を積んできたベテラン研究者にしか扱えないものだった。

これに対しクリスパーは、「ゲノム」や「塩基配列」など分子生物学の基本的知識さえあれば、誰でも扱える簡単な技術とされる。実際、クリスパー発明者の一人、米カリフォルニア大学バークレイ校のジェニファー・ダウドナ教授は（動画サイト「ユーチューブ」にアップされたビデオの中で）「私たち専門家の下でトレーニングすれば、たとえ高校生でも数週間でクリスパーを使えるようになるだろう」と語っている。

ただ、念のため断っておくと、クリスパーは確かに「DNAのメス」という異名を持つが、それはあくまで比喩に過ぎない。実際のクリスパーは、それに必要な化学成分を含む「試薬（液体）」である。科学者らは、この試薬を様々な生物の受精卵など細胞に注入したり、場合によってはシャーレ（ペトリ皿）に入れた細胞にかけるだけで、ゲノム編集を行うことができる。あらかじめ狙った通りにDNAを切断したり、改変できたどうかは、この作業の2〜3日後には知ることができる。

以上のようにクリスパーは非常に精度が高く、かつ容易に扱える技術であることから、遺伝子操作に要する期間が飛躍的に短縮された。たとえばノックアウト・マウスを作るために、従来の手法では1年以上もかかっていたのに、クリスパーではたった3週間でできるようになった。そして、このように開発期間が短縮されれば、当然それに要するコストも下がる。

つまりクリスパーとは、従来よりも圧倒的に「速く」「安く」「正確に」遺伝子を操作できる技術なのだ。さらに、それは「種族」を問わない。従来の遺伝子組み換え技術では、たとえばマウスを対象にして開発された技術は、あくまでマウスにしか使えなかった。これに対しクリスパーは、マウスのような実験動物だけでなく、牛や豚のような家畜、鯛や鮭のような魚、あるいはトウモロコシやジャガイモなどの農作物、さらにはマーモセット（小型猿）や人間など高度な霊長類まで、あらゆる種類の動物や植物に適用できる「汎用的な」遺伝子操作技術なのだ。

DNAのカット&ペーストが可能に

さて、ここまで相当の紙幅を費やして「クリスパーとは何か」を説明してきたが、このあたりでその定義を若干修正しておこう。ここまでクリスパーとは最先端の「遺伝子」操作技術であると紹介してきたが、より正確には単なる「遺伝子」というよりも、むしろ「ゲノム（全遺伝情報）」を操作する技術だ。

ゲノムとは（分子生物学者のような専門家を除く）私たち一般人にとって、ＤＮＡとほぼ同義と見てよい。第二章で詳しく説明するが、遺伝子とは数十億の塩基配列から構成される「ゲノム（ＤＮＡ）」のごく一部に過ぎない。そしてクリスパーは、この（遺伝子を含む）ゲノム全体を好きな場所で切断したり、そこに別の遺伝情報（塩基配列）を挿入するための技術である。

これを、より具体的に説明すると次のようになる。

私たち人間を含む動物、あるいは植物など各種生物の遺伝情報を記録したDNA（ゲノム）は、「A」「T」「G」「C」という4種類の塩基（遺伝情報を記す文字）が、それらの並ぶ順番を交互に入れ替えながら、数百万から数十億個も連なった非常に長い配列である。たとえば「GAATCCGTAGCT……」といった配列がそれだ。クリスパーを使うと、こうした塩基配列に対し、たとえば「AとCの間にあるTを削除する」あるいは「CとGの間にACCを挿入する」といった操作が自由自在にできる。

このように「遺伝情報の総体」にして「無限の文字列」ともいえるゲノムを、あたかもワープロで文章をカット&ペーストするかのように編集できることから、クリスパーは別名「ゲノム編集」とも呼ばれる（実はゲノム編集にはいくつか種類があるが、それらの中でもクリスパーは最も有望な技術と考えられている。詳細は第三章で）。

このゲノム編集技術を手に入れることによって、科学者（つまり人間）は、DNAという「生命の設計図」を自由自在に改変できるようになった。これについては「人がついに神の領域に足を踏み入れた」との見方さえある。当然、そこには想像を絶する巨大なインパクトが発生するはずだ。以下、クリスパーが私たち人類にもたらすであろう衝撃を、プラスとマイナスの両側面にわたって見ていこう。

まずは農畜産物の品種改良から

産業各界の中で、真っ先にクリスパーを取り入れつつあるのが、漁業や（畜産を含む）農業などの分野だ。すでに日米をはじめ世界中の大学や企業などが、クリスパーを使って驚くべき品種改良を成し遂げつつある。たとえば京都大学と近畿大学の共同研究チームは、筋肉の成長を抑制するミオスタチン遺伝子をクリスパーで切断（破壊）することにより、肉量が従来の1・5倍に増加した真鯛を作り出した。同様の試みにより、米国では肉量が2倍に増加した牛が開発された。

米国ではまた、クリスパーを使って「角の生えてこない乳牛」も作り出された。これまで乳牛は、（酪農家の人たちがケガをしないように）角が伸びてくると人の手で切られてしまったが、これは牛に激痛を与えるため動物虐待との非難も聞かれた。そこで最初から角をなくしてしまえば、その心配はなくなるというわけだ。

もちろん穀物をはじめ農作物の品種改良も、クリスパーによって劇的な変化を遂げようとしている。たとえば世界的な化学・バイオ企業デュポンは、クリスパーを使って「旱魃に耐えられるトウモロコシ」や「従来よりも大きな収穫量が期待される小麦」などの開発に着手している。一方、日本の大学では「腐りにくいトマト」や「油の生産効率を1・5倍に増やした藻」なども開発されている。

前述の通り、従来のＧＭＯに比べて、クリスパーでは農・畜産物の遺伝子操作に要する期間やコストが大幅に圧縮されるばかりでなく、その対象品目が飛躍的に拡大する。やろうと思えば、ありとあらゆる動植物が、極めて短期間に低コストで自由自在に品種改良できるようになるはずだ。

地球上の人口増加は今後も続き、現在の約70億人から今世紀末には１１０億人に達するとの見方もある。このように膨れ上がる世界人口の腹を満たす食糧増産の手段として、今後クリスパーが極めて重大な役割を担うのは確実だ。

遺伝子変異をピンポイントで治療

しかし、それ以上に大きな衝撃をもたらすと見られるのが、医療分野への応用だ。従来の医療が個々の病気や症状に対応した、いわば対症療法であったのに対し、クリスパーを使えば個々の病気を引き起こす根本的な原因である「遺伝子の変異」を直接治療できる可能性が高まってきたのだ。

こうした新しい医療スタイルは、「プレシジョン・メディシン（高精度医療）」あるいは

「パーソナライズド・メディシン（個別化医療）」などと呼ばれ、以前から医療関係者の間で大きな期待がかけられてきたが、これまでのところはおおむね希望的観測の範囲にとどまっていた。しかし、ここに「クリスパー」という「狙った遺伝子（病気を引き起こす遺伝子変異）をピンポイントで修正できる技術」が加わったことで、そうした希望的観測、あるいは可能性がにわかに現実味を帯びてきたのだ。

実際、クリスパーを使って、従来の医療では治せなかった難病を克服する取り組みがすでに始まっている。たとえば京都大学iPS細胞研究所では、筋ジストロフィー患者の細胞を初期化してiPS細胞へと変化させ、これをクリスパーでゲノム編集して健康な筋肉細胞を作り出すことに成功した。今後、このように遺伝子修復を行った筋肉細胞を患者の体に戻す「細胞移植療法」の実現に向けて、研究を加速させている。

同じく京都大学のウイルス研究所、さらに米フィラデルフィアにあるテンプル大学の研究チームなどは、エイズに感染した人間のDNAから、クリスパーを使ってHIV（ヒト免疫不全ウイルス）を完全に除去するための研究に着手し、すでに大きな手応えを得ている。

さらに動物実験のレベルであれば、クリスパーは今後の医療研究に無限の可能性をもたらすと見られている。その理由は、猿に（人間がかかりやすい）様々な病気を発症させることが可能になるからだ。従来の動物実験は主にマウスを使って行われてきたが、本来であれば、より人間に近い「猿」など霊長類を使って実験を行うのが理想的だ。しかし霊長類の遺伝子組み換えは、従来の技術では極めて難しかったのだ。

ところが2014年11月に中国の研究チームがクリスパーを使って、実験用の小型猿である「マカク」の受精卵をゲノム編集することに成功。今後、この技術を使ってアルツハイマー病や統合失調症、さらには自閉症や躁鬱病など、人間がかかる様々な神経疾患をマカクのような霊長類で発症させ、それらの治療法や医薬品の開発に向けて、極めて効果的な動物実験を行う環境が整ったという。

すでに日本でも、川崎市にある実験動物中央研究所と慶應義塾大学の共同研究チームが、(同じく実験用の小型猿)「マーモセット」の受精卵をゲノム編集して、免疫不全症を発症させることに成功した。今後、同じ技術を使って糖尿病や各種のがん、さらには神経疾患などを発症させ、これら様々な病気を治す新薬の開発につなげたいとしている。

以上のような動物実験を行う上で、クリスパーの最大のメリットはその手軽さと速さだ。これは特に、病気の原因となる遺伝子や、その発症メカニズムを解明するために極めて有利に働く。これまで多くの難病において、その原因となる遺伝子が発見されたケースは極めて稀(まれ)だ。確かに「鎌状赤血球貧血」や「ハンチントン病」など、その原因となる遺伝子が特定された病気も中にはある。

しかし、それらはむしろ例外的なケースである。また、いずれも発症する地域がアフリカなどに限定されていたり、希少疾患であったりする。これに対しアルツハイマー病や各種のがん、あるいは糖尿病など先進国における患者数が多い病気では、その原因となる遺伝子の大半は明確に特定されていない。恐らく一つではなく、数多くの遺伝子が関与しており、これらが（日頃の生活習慣や環境の影響も受けつつ）複雑に絡み合い、なおかつ何らかのタイミングで発現することにより、それら特定の病気が発症すると考えられている。

これら多数の原因遺伝子や複雑な発症メカニズムを解明するためには、その候補と考えられる遺伝子を動物実験において一個一個消去しては、それによって動物がどのような症状の変化を見せるかを観察していく必要がある。だが、従来の遺伝子組み換え技術では、たった1匹のノックアウト・マウス（特定の遺伝子を破壊したマウス）を作るのに1年以上もかかるため、これを何度も繰り返せば何十年もかかってしまう。つまり、そうした試行錯誤的に候補を絞り込んでいく実験は事実上不可能だった。

しかし手軽に素早く遺伝子を操作できるクリスパーを使えば、それが短期間で繰り返しできるようになる。特に受精から誕生までの期間が約3週間と短いマウスでは、そうしたクリスパーのメリットを最大限に活かすことができる。また、より人間に近い霊長類を使った実験も、その作業に要する時間が大幅に短縮される。このインパクトは計り知れないほど大きい。これによって、各種の難病克服に向けた医療技術や新薬の研究開発が飛躍的に進むと見られている。

しかも、それは「今から何十年も先」といった気の長い話ではない。前述のダウドナ氏と並んで、クリスパー発明者の一人と目されるフェン・チャン氏（米ブロード研究所・研究員）らが設立した医療ベンチャー企業「エディタス・メディシン」では、人間がかかる「レーバー先天性黒内障（ＬＣＡ）」と呼ばれる特殊な眼の病気を、クリスパーで治療する臨床研究を２０１７年までに開始すると発表した。

また米ペンシルベニア大学の医療研究チームは２０１６年６月、「ＣＡＲ－Ｔ」と呼ばれる免疫療法とクリスパーを組み合わせ、「骨髄腫」や「肉腫」「メラノーマ（悪性黒色腫）」など各種のがんを治療する臨床研究を行う計画を発表。すでに米国立衛生研究所の「組み換えＤＮＡ諮問委員会」から認可を得ており、15人の患者が臨床研究の被験者となることで合意しているという（詳細は第四章で）。

クリスパーの弱点

一方で、こうした「医療への応用」については、これまでいくつかの問題や懸念も指摘されてきた。中でも重大なのは、クリスパーの「オフ・ターゲット効果」と呼ばれるものだ。オフ・ターゲット、つまり「狙った場所から外れてしまう」という問題である。

前述の通り、クリスパーは従来の遺伝子組み換え技術に比べて、操作精度が桁違いにアップした。ノックアウト・マウスを作るためには、従来の技術では「100万回に1回」程度の成功率であったのに対し、クリスパーではそれが「数回に1回」、つまり数十パーセントの成功率にまで高まった。しかし、逆に言うと失敗する確率、つまり「ゲノム上の狙った場所とは違う場所にある遺伝子を切ったり、書き換えたりする可能性」も同じく数十パーセント程度は残されていると見られてきた。

たとえば(前述の)フェン・チャン博士は、2015年3月の時点で「クリスパーが、DNA上の狙った場所を正確に修正する確率は『20〜40%』である」と語っていた。

もちろんラボ(実験室)における動物実験や基礎研究のレベルであれば、この程度の成功率(精度)でも十分だろう。しかし今後、患者(つまり人)を相手にした臨床試験から実用化に向けての段階では、こうした過ちは許されない。なぜなら狙ったのとは違う場所にある遺伝子を切る(破壊する)、あるいは書き換えてしまえば、それは病気を治すどころか、致命的に悪化させる恐れがあるからだ。従って医療分野でクリスパーを実用化するためには、限りなく100パーセントに近い成功率を達成することが必要不可欠になってくる。

このため、つい最近までクリスパーの研究者たちが最も注力してきたのは、このオフ・ターゲット問題を解決することだった。そして、その研究は急速に進歩しており、チャン博士らの研究チームは2015年12月、「(マウスを使った実験で) オフ・ターゲット効果を、これまでの10分の1にまで減らした」とする研究成果を発表した。

また、ある種のコンピュータ・ソフトを使って、事前にオフ・ターゲット効果を起こしそうな場所を予測し、それを未然に防止する研究も進んだ。

こうした進展により、オフ・ターゲット効果 (DNA上の狙った場所とは違う場所を改変してしまう確率) は、現在では1%以下にまで抑えることが可能になったと見られている。このためチャン博士をはじめ多くの研究者は、(前述のエディタス・メディシンやペンシルベニア大学などによる臨床研究の成否如何によらず) クリスパーが難病治療など「人間の医療」に応用されるのは時間の問題と見ている。

生殖細胞と体細胞の違い

ただし、そこには注意を要する点が一つある。それは同じ医療目的でも、(人間の)「生殖細胞」と「体細胞」とでは研究者のスタンスが異なるということだ。

ここで生殖細胞とは、「精子」や「卵子」、あるいはそれらが融合した「受精卵」など、

DNA（遺伝情報）を次世代へと伝える役割を果たす細胞を指す。

一方、体細胞とは「受精卵」が細胞分裂を繰り返した末に誕生する人間の「皮膚」や「臓器」、あるいは「目」や「耳」、「手足」など、身体各部を構成する細胞を指す。

今のところ、科学者や医師たちの（ある程度）共通した見解では「（何らかの病気にかかった患者の）体細胞をクリスパーで治療することは問題ない」としている。前述の京都大学iPS細胞研究所による「筋ジストロフィー患者の筋肉細胞（体細胞の一種）をクリスパーで治療するための研究」などが、それに該当する。

当面、こうしたやり方が主流になっていくと予想されているが、ある種の遺伝性疾患などは、体細胞への治療だけでは十分な効果が見込めない。

たとえば「アルツハイマー病」や「パーキンソン病」など深刻な神経疾患では、一旦それらの症状が大きく進行してしまった後では、たとえクリスパーといえどもそれらを治療するのは、（少なくとも当面は）難しいと見られている。なぜなら私たち人間の脳は1000億個以上のニューロン（神経細胞）が絡み合った複雑な神経回路から構成されており、これら無数のニューロンが病気で破壊されてしまえば、その全てを元に戻すことは、どのような医療技術をもってしても不可能であるからだ。

こうした重篤な神経疾患に対処するには、むしろ「精子」や「卵子」、「受精卵」など生殖細胞、つまりヒトになるための本格的な細胞分裂が始まる前の段階で手を打つ必要がある。この段階でDNA検査（遺伝子検査）を実施し、そこで（大人になってから）パーキンソン病などを引き起こす遺伝子変異が発見されたら、これをクリスパーでゲノム編集して、正常な遺伝子に戻すのである。こうすれば、大人になってから、この病気を発症する恐れはなくなるはずだ。

中国で行われたヒト受精卵のゲノム編集

しかし現時点で、このように生殖細胞をゲノム編集することについて、科学者たちは強い抵抗感を示している。なぜなら受精卵など生殖細胞のDNAをゲノム編集で書き換えると、それによる遺伝的変化が子孫代々へと受け継がれてしまうからだ。最悪の場合、医師がクリスパーによる操作を誤って、別の病気を引き起こす遺伝子変異を発生させ、その結果が末裔まで遺伝的に継承されてしまう恐れもある（ちなみに体細胞の場合、新たな遺伝子変異が後世に引き継がれる恐れは全くない）。

また生殖細胞をゲノム編集することは、いずれ本来の医療（治療）目的から逸脱して、親が生まれてくる子供の容姿や知能、運動能力などを、あらかじめ自由に決めてしまう、いわゆる「デザイナー・ベビー」に使われてしまう懸念もある。たとえば大人になったときに、美貌、長身で、ノーベル賞級の知能とオリンピック選手並みの運動能力を発揮するように、（赤ちゃんとして生まれてくる前の）受精卵のＤＮＡをゲノム編集してしまう、といったケースである。

クリスパーは日進月歩のスピードで研究開発が進んでおり、（前述の通り）２０１４年11月には中国の研究チームが（霊長類の一種である）マカクの受精卵をゲノム編集することに成功している。となると、いずれ世界のどこかで（同じく霊長類の一種である）人間の生殖細胞をゲノム編集する研究チームが出て来るのではないか――。

世界の科学者たちの間でそんな懸念が囁かれ始めた矢先の２０１５年4月、中国の科学者らが本当に、試験管内で作製されたヒト受精卵をクリスパーでゲノム編集する実験を敢行した。

同実験を行った中国・広州の中山大学の研究チームは、「ベータ・サラセミア」と呼ばれる遺伝性の血液疾患を引き起こす遺伝子変異を、（受精卵の段階で）正常な遺伝子へと修正することを試みた。

ただし中国の研究チームは自ら発表した論文の中で、「（今回の実験によって）本物の赤ちゃんを作り出す意図は毛頭なかった」と断っている。今回、彼らは実験用の受精卵として、最初から「多精子受精」と呼ばれる欠陥を持っているものを選んだため、この受精卵が細胞の分化を繰り返して胎児に成長する可能性はゼロだったという。今回の実験はあくまで、クリスパーによって、科学者たちが狙った通りの遺伝子操作を実行できるかどうかを確かめるためのものであった、としている。

そして、それに対する答えは「ノー（否）」だった。中国の科学者たちは今回、85個の受精卵を使って実験を行ったが、そのうちのどれ一つとして、彼らが狙った通りの遺伝子交換を実現できなかった。その大半は実験後に（受精卵が細胞分裂し始めた初期段階である）ヒト胚が死んでしまった。また生き残った数少ないヒト胚でも、目的とする遺伝子に交換されたり、されなかったりというモザイク状の結果に終わってしまったという。

このため中国の科学者たちは論文の中で「（胎児へと成長する）通常の受精卵で今回のような遺伝子操作を行うためには、ほぼ100パーセントに近い成功率が求められる。今回の結果はそれとは程遠いため、我々はこの実験を（今回を最後として）中止することにした。この技術は（現時点で）未熟であると我々は考える」と記している。

確かに彼らの実験が行われた2015年4月の時点では（その実験結果を待つまでもなく）オフ・ターゲット効果などにより、ヒト受精卵のゲノム編集は極めて危険で無理があった。しかし、前述のフェン・チャン氏らによる研究など、その後の改良を経て、ヒト受精卵など生殖細胞にクリスパーを適用することは、今や技術的に可能になったと見られている。実際、２０１６年早々に、英国の科学者がその基礎研究を行うと発表している（詳細は後述）。

医療とデザイナー・ベビーの境界線

もちろん、たとえ科学者たちがこの種の研究を推し進めたとしても、「デザイナー・ベビー」のようなＳＦ的事態は一朝一夕には起きないだろう。とはいえ、もしもそれが起きるとすれば、恐らくはクリスパーの医療への応用から、徐々に別の方向へと逸脱する形で起きると見られている。

たとえば「受精卵」や「ヒト胚」の段階で遺伝子検査を実施し、ここでパーキンソン病やハンチントン病など深刻な遺伝性疾患を引き起こす遺伝子変異が発見された場合、これをクリスパーで正常な遺伝子に戻すといった新医療の登場である。これは赤ちゃんが生まれてくる前に、その病気の芽を摘んでしまうことから、新たな予防型医療と呼ぶことができる。

そうなった場合、問題は「医療」と「それ以外の目的」の境界線をどう引くかということだ。あらかじめ定められた人間の寿命を延ばすことが、はたして医療と呼べるだろうか？　具体的な一例としては、「プロジェリア症候群」のように、特定の遺伝子変異によって子供である間に肉体が老化し、若くして他界してしまう遺伝性疾患が知られている。仮に、これを受精卵やヒト胚の段階で、クリスパーを使って正常な遺伝子に戻すとすれば、それは間違いなく「治療」あるいは「医療」と呼べるだろう。しかし、これほどクリアなケースでなかったとしたら、どうだろうか？

一例として、大人になってから過度の肥満や高血圧などを併発し、これによって平均寿命以下で亡くなる確率の高い遺伝子を持った赤ちゃんについて考えてみよう。この赤ちゃんが誕生する前に、受精卵やヒト胚の段階における遺伝子検査によって、以上のような（かなり確度の高い）出生前診断が下された場合、これら生殖細胞をクリスパーでゲノム編集し、大人になってからの健康リスクを除去することは、医療なのだろうか？

そもそも肥満や高血圧は病気なのか？　それとも私たち自身が日頃の健康管理で予防すべき事柄なのだろうか？　それは「（肥満や高血圧の）程度による」という考え方もあろうが、では、どの程度までが（遺伝性の）病気で、どの程度までが本人の自己責任なのか？このように色々、考え合わせると、それらの線引きはかなり微妙であることがわかる。

あるいは知能についてはどうだろう？　人間の知能形成に、複数の遺伝子が関与していることは間違いないと見られている。もっとも、現時点でそれら遺伝子が具体的に判明しているわけではないが、近年の「ＧＷＡＳ（全ゲノム関連解析）」と呼ばれる新しい検査手法の登場などによって、知能に関係する遺伝子もいずれ判明するとの見方が、科学者の間では優勢である（詳細は第二章で）。となると、そこでは一体、何が起きるだろうか？

たとえば生まれて来る我が子に、何らかの知的障害を引き起こす遺伝子変異が（受精卵やヒト胚の段階で）突きとめられた場合、それをクリスパーで修正したいといった欲求は当然、起こり得るのではないか。この種の議論は、かつて第二次世界大戦中にドイツのナチスが推し進めた「優生学（優秀な遺伝子だけを後世に伝えることで人類の進歩を促す、とする考え方や学問）」を想起させるなど、非常に危うい側面を抱えている。しかし、これから親になろうとする夫婦の立場に立てば、これは切実な問題である。

とはいえ、ここでもやはり、「治療」と「それ以外の目的」を分ける境界線は曖昧である。一般に知能指数（ＩＱ）が70を下回ると「知的障害」と認定されるが、ここを境界線に定めるのだろうか？　80では許されないのだろうか？　誰の目にも明らかなケースを除けば、そうした線引きが結局は恣意的なものに終わることは目に見えている。

人間のルックス（外見）にしてもしかりである。たとえば「禿げ」は病気だろうか？病気だといえば怒りだす人もいるだろうし、逆に妙に納得する人もいるだろう。つまり見方は様々である。ハリウッドのアクション・スター、ブルース・ウィリスや英国のジェイソン・ステイサムのように、禿げていてもカッコいい俳優は結構いる。彼らのような場合、「禿げ」は病気というより、ある種の個性を生み出す体質的な特徴である。

しかし、「禿げ」に何らかの遺伝子が関与していることは間違いない。将来的には、生まれてくる我が子に対し、（その誕生前に）「禿げ」を引き起こす遺伝子変異をクリスパーで修正してしまいたい、という親は当然出て来るだろう。これは治療なのだろうか、それとも単なる親の見栄、あるいはエゴなのだろうか？（少なくとも、生まれてくる子供の希望は全く反映されていない）

これについては「禿げの発症年齢や、その程度による」という考え方もあろう。では、それらの判断基準に照らして、どこからどこまでが「病気」で、どこからが「男性の加齢に伴って進行する自然な現象」なのか？

要するに知能や運動能力、さらには各種体質から外見に至るまで、私たち人間の遺伝的特質は連続的に変化する。また、それに対する評価は人それぞれである。となると、（何度も繰り返すが）「治療」と「それ以外の目的」をクリアに分けることは、非常に難しくなる。

人類を破滅に導く可能性

結局、難しい理屈は抜きにして「やれるなら、やってしまおう」という考え方が、将来主流になることは十分あり得る。クリスパーを使えば、生まれてくる子供を、より賢く、強く、そして美しくすることができる。それをやることに何の問題があるのか、という考え方である。

が、少なくとも現時点で、そうした結論に落ち着くとすれば、そこには危険な落とし穴が待ち受けている。なぜなら（前述のように）受精卵のような「生殖細胞」をクリスパーでゲノム編集すると、それによって生じた遺伝的変化が後の世代へと永久に受け継がれてしまうからだ。いわば「新人類」の誕生である。

これについては、「もしも、そうした新人類が前の世代よりも（あらゆる面から見て）すぐれているなら、何ら問題はない」という考え方もあろう。しかし現時点では、確実にそうなる保証はないのである。と言うのも、知能や運動能力から体質、外見に至るまで、私たちの遺伝的特性を決定しているのは、（現在、未知のものも含め）多数の遺伝子やその発現を調節するレギュレーター（調節領域）をはじめ、総数32億個ともいわれる長大な塩基配列からなるゲノム（遺伝情報）の総体である。これら無数の遺伝的ファクターが、私たちを取り巻く諸環境とも相互作用しながら、複雑に絡み合って、私たちの諸特性を形作っている。

仮に、これをクリスパーで修正した場合、それを迂闊に行ってしまえば、ゲノム全体のバランスを崩して、思わぬ結果を招く恐れがある。たとえばクリスパーを使って、人間のＤＮＡ上にある複数の遺伝子を改良し、現在の人類を遥かに凌ぐ「高度な知能」と「強靱な肉体」を有する新人類が誕生したとしよう。これだけを見れば素晴らしいことに思えるかもしれないが、もしもこの新人類が「極度に自己中心的、かつ攻撃的で狡猾な性格」を兼ね備えていたとすれば、どうなるのか？　特定の遺伝子を改良した結果、それが他の遺伝子と思わぬ形で相互作用して、そうした想定外の突然変異を引き起こすことは十分考えられる。

そこに生じるのは、人類の繁栄ではなく、人類、ひいては地球全体を破滅に導く世界戦争のような事態であろう。

この種の「ディストピア（暗黒郷）」的な未来は、遺伝子工学が発明された１９７０年代からＳＦ映画などを通して、繰り返し描かれてきた。たとえば１９９７年製作のハリウッド映画『ＧＡＴＴＡＣＡ（ガタカ）』に登場する、「優生学に支配された差別的な未来社会」などは、その代表と言えるだろう。

が、ここまで何度か指摘してきたように、当時の未熟な遺伝子工学のレベルでは、「人類を遺伝子の優劣によって階級分けし、差別する」あるいは「遺伝子を自由に改良、あるいは組み換えたりして新人類を作り出す」といったことは到底不可能だった。つまり『GATTACA』のような世界は、あくまでもSFの範囲内にとどまっていたのである。

ところが今世紀に入って以降、いわゆる「ゲノム・シーケンス」と呼ばれるDNA解析技術の飛躍的な進歩、さらには2012年頃に開発された「クリスパー」などゲノム編集技術の登場によって、そうした「SF的な世界」がにわかに「現実の脅威」として私たちの目の前に現れようとしているのだ。

タブーを恐れない英国と焦る米国

こうした恐るべき新時代の到来を目前に控え、2015年12月にはクリスパーの生みの親であるジェニファー・ダウドナ博士らの呼びかけで、世界中の生命科学者が米ワシントンDCにある国立科学アカデミーに集結した。

「ヒト遺伝子編集についての国際サミット（International Summit on Human Gene Editing）」と命名された、この国際会議では、クリスパーをはじめゲノム編集技術の最新状況が報告された。それと同時に、パワフルだが、使い方を誤ると人類の進路を歪めかねないゲノム編集技術を、今後、難病患者など人間にどう適用していくかが議論された（ちなみに、同サミットの名称は本来なら「ヒト遺伝子編集」ではなく、「ヒト・ゲノム編集」とすべきとの批判も聞かれたが、それほど大した問題ではなかろう)。

(前述の通り)この年の4月に中国の科学者チームが、すでに「ヒト受精卵」をクリスパーでゲノム編集する実験を敢行してしまったせいか、同サミットが始まる直前の雰囲気は、どちらかと言えば保守的だった。つまりクリスパーをヒト受精卵のような生殖細胞に適用することには、ブレーキをかけるべきとの意見が大勢を占めると見られていた。

しかし、いざサミットが幕を開けてみると、必ずしも、そうとばかりは言えない意見も聞かれた。特に科学者たちによる議論の行方を傍聴席で見守っていた若い女性が、質疑応答のセッションで手を挙げて発言したときには、会場は厳粛な空気に包まれた。

この女性はマイクを強く握りしめると、彼女の子供が、ある重い遺伝性疾患によって生後わずか6日で亡くなったことを告白した。そしてステージの上に並んで座る科学者たちに向かって「難しい理屈はどうでもいいから、(ヒト受精卵など生殖細胞に対するゲノム編集の研究を)とにかくやってよ!」と叫んだ。彼女の強い苛立ちと願いは、恐らく難病患者全体を代弁している。

これら様々な角度からの意見を取り入れながらサミットは進行し、その最終日に科学者たちによる合意文書を採択した。それは大きく「研究」と「臨床(実際に患者を治療する行為)」の2項目に分けて決められた。

まず「研究」については、「ヒト受精卵など生殖細胞に対するゲノム編集の研究は、今後集中的に行われる必要がある。ただし、その際には、しかるべき法的・倫理的な監督下に置かれなければならない」ということになった。

他方、「臨床」については「実際に遺伝子操作された赤ちゃんを生み出す『生殖細胞へのゲノム編集』は（広範囲の社会的な合意が形成されるまでは）当面慎むべきである。それ以外の治療、つまり『体細胞へのゲノム編集』であれば、基本的に治療として行っても構わない。ただし、その際には、すでにある医療の法規制の枠内で行わなければならない」ということになった。

ただし今回の合意はあくまで科学者による自主規制に過ぎず、そこには国際法のような拘束力はない。最終的に決めるのは各国の法規制であるため、各国の対応次第ではクリスパーによる医療の在り方が今後、どういう方向に進んでいくかは予断を許さない。

この合意を受けて、翌2016年にはロンドンのフランシス・クリック研究所に所属する発生生物学者キャシー・ニアカン氏が、（前述した中国のケースを除いて）民主主義諸国の中では初となる「ヒト受精卵をクリスパーでゲノム編集する実験」の承認を政府に申請した。この実験は、ヒト受精卵が正常に分化するために必要な遺伝子を調べ上げ、不妊治療の成功率を上げることが目的という。

ニアカン氏は「今回の実験はあくまで基礎研究のためであり、ゲノム編集後のヒト受精卵を子宮に移植して赤ちゃんを作ることは決してない」と確約。これを受け、2016年2月、英国政府の規制機関に当たる「ヒト受精・発生学委員会」は同実験の実施を承認した。フランシス・クリック研究所は国立研究所なので、ニアカン氏の実験には国家予算が割かれることになる。

ちなみに英国は、1978年に世界初の試験管ベビーを誕生させるなど、生殖医療については進歩的な姿勢で知られる。また1981年にはケンブリッジ大学のマーティン・エバンズ教授が、やはり世界初となる「マウスの胚性幹細胞（ES細胞）」を培養し、後にノーベル賞を受賞するなど、遺伝子工学の研究では世界をリードしてきた歴史を持つ。

一方、キリスト教保守派の影響力などから中絶への拒否反応が根強い米国では、以前から「（受精卵が細胞分裂し始めた直後の）ヒト胚も人間とみなす」という考え方が主流。このため英国とは違って、「クリスパーを受精卵に適用する実験」などに国家予算を当てることを連邦議会が法律で禁止している。ただし民間の研究所が自費で、そうした実験を行うことまでは禁止していない。米国の生命科学者たちは、タブーを恐れず生殖医療の研究を推し進める英国に対し、焦りを募らせているとされる。

また日本では2016年4月、政府の生命倫理専門調査会が、クリスパーをはじめゲノム編集技術でヒト受精卵を操作することについて「基礎研究に限って容認される場合がある」と答申した。これによって将来的には、「不妊治療や遺伝性疾患の予防などにつながる研究を促したい」としている。一方で、その臨床応用やゲノム編集で改変した受精卵を子宮に戻すことについては「安全性や倫理面で問題が残る」として認可しなかった。この決定は、（前述の）２０１５年12月に米ワシントンＤＣで開催された、「ヒト遺伝子編集についての国際サミット」における合意文書に準拠した形と言える。ただし、これに関する法規制や研究の審査体制などは未だ整備されていない。

生態系への深刻な影響——遺伝子ドライブ

以上のような「医療関係の問題」に匹敵する、別の大きな懸念としては、クリスパーによる「生態系への影響」がある。世界の生命科学者たちの間で、長らく強い期待と恐怖をもって、その出現が予想されてきた「遺伝子ドライブ（gene drive）」と呼ばれる技術が、クリスパーの力を使って、ついに実現されたのだ。この技術を使うと、致死的伝染病のような人類共通の敵を撲滅できる一方で、世界の生態系に取り返しのつかないダメージを与える恐れもある。

遺伝子ドライブとは、「人類にとって都合の悪い遺伝子」を人為的に駆逐する、あるいは逆に「人類にとって都合のいい遺伝子」を人為的に繁殖させる技術だ。科学者たちの間では長いこと、ある種の夢あるいは逆に悪夢として語られてきた一種のSF的技術でもある。その理由は、従来の遺伝子組み換え技術では、遺伝子ドライブを実現するのが極めて難しかったからだ。

ところが2015年11月、米カリフォルニア大学サンディエゴ校と同アーバイン校の共同研究チームが、ついに遺伝子ドライブの実験に成功した。彼らはクリスパーを使って、いわゆる「利己的遺伝子（selfish gene）」と呼ばれる特殊な遺伝子を創り出すことに成功した（ここでの「利己的遺伝子」とは、英国の動物行動学者、リチャード・ドーキンス氏の有名な著書『利己的な遺伝子』（紀伊國屋書店）における、「遺伝子中心の自然淘汰論」とは全く異なるもの）。それは次のような仕組みだ。

私たち人間をはじめ生物に備わっている通常の遺伝子は、父親由来の遺伝子と母親由来の遺伝子が互いに半々（50パーセント対50パーセント）の確率で子孫へと伝わっていく。つまり、（遺伝子の立場から見れば）上手く生き残る場合もあれば、そうでない場合もあるので、特定の遺伝子が他を駆逐してしまうような事態を免れている。

これに対し利己的遺伝子では、ほぼ100パーセントに近い確率で子孫へと伝わっていくため、最終的には自分以外の遺伝子を完全に駆逐して種を制覇してしまう。今回、カリフォルニア大学の共同研究チームは、アフリカのサハラ砂漠以南でマラリアを伝染させる蚊にクリスパーを適用し、マラリア原虫への耐性を備えた利己的遺伝子を（厳重に管理された実験室内で）創り出すことに成功した（ちなみにカリフォルニア大学サンディエゴ校の研究チームは、これに先立つ2015年4月にも蠅を対象にして利己的遺伝子を創り出すことに成功しているが、こちらはそれほど大きな注目を浴びなかった）。

この蚊は、もしもマラリアに感染した人間の血を吸っても、次の人間にマラリアを伝染させることはない。しかも利己的遺伝子を持っているので、仮に、この蚊をアフリカ・サハラ以南に移送して野に放てば、原理的には他の蚊を駆逐して、マラリア撲滅につながる可能性が十分あるとされる。

が、その一方で食物連鎖の末端に位置する「蚊」のような生物を遺伝的に改造してしまえば、その上位に連なる無数の捕食動物をはじめ、生態系や環境に予想外のダメージを与えてしまう恐れも指摘されている。そして一旦そのように進化の方向性を狂わされた生態系は、後から元に戻そうとしても取り返しがつかない。

しかし、そうこうしている間に、アフリカでは現在でも年間約2億人がマラリアを発病し、そのうち約67万人が死に至っている。また、ブラジルなど中南米を中心に猛威を振るっているジカ熱（妊婦が感染すると、生まれてくる赤ちゃんに小頭症を引き起こす可能性が高い伝染病）もマラリア同様、蚊を媒介としている。このため遺伝子ドライブを開発したカリフォルニア大学の関係者らは、なるべく早く、これらの地域で、この技術を実用化すべきだと訴えている。

こうしたジレンマの中、（米国政府に科学技術の問題に関して助言を行う）米国科学アカデミーは、今回実現された遺伝子ドライブ技術を、どう取り扱っていくべきかを検討。２０１６年6月に「現時点では、遺伝子ドライブで作られた生物（具体的には蚊などの昆虫）を野生に放つことを支持するに足る十分な根拠がない。まずは厳格に制御された状況下で、実地試験から入るべきだ」とする玉虫色の勧告を発表した。

科学アカデミーのメンバーである専門家たちでさえ、この技術を持て余している様子が窺える。しかし、よりマクロな視点から見れば、こうした「遺伝子ドライブ」あるいは前述の「デザイナー・ベビー」を巡る論争は恐らく、クリスパーに代表されるゲノム編集技術が今後、巻き起こす巨大な科学革命の発端に過ぎないだろう。それは、エレクトロニクス産業など20世紀の物質文明を生み出した量子物理学を、遥かに凌ぐ未曾有の変化と衝撃を21世紀の人類にもたらすはずだ。

なぜなら量子物理学が対象にしていたものは、半導体に代表される「モノ」に過ぎないが、ゲノム編集が対象にしているのは「生命」「寿命」「健康」「医療」「子孫」「美容」など、私たち人間の欲とエゴと見栄に直接関わってくることであるからだ。それはまた、人間の本質に関わる事柄でもある。

人類の歴史は近い将来、この技術によって、大きな岐路に（何度も）直面することになるだろう。その時、私たちはどのような決断を下したらいいのか？　この来るべきドラスティックな変化に対する、私たちの備えは現時点で全くなされていないと言ってよい。

本当に遺伝子組み換え作物より安全？

そうした中にあって、バイオや製薬など世界的な巨大企業は、早くもクリスパーの商用化に向かって一斉にスタートを切った。彼ら産業界にとって、前述のような科学者たちによる深刻な議論や未来への配慮はどこ吹く風だ。クリスパー技術がいずれ、従来のＧＭＯ（遺伝子組み換え作物）やバイオ医薬品などを遥かに凌ぐ、巨大市場を生み出すことが確実視されているからだ。

すでに米国の化学・バイオ大手デュポン、あるいは欧州の製薬大手である独バイエルやスイスのノバルティスらが、クリスパーの中核技術を有する欧米のベンチャー企業と提携。彼らは今後、「旱魃に耐えられるトウモロコシ」や「より大きな収穫量が期待できる小麦」、あるいは「血友病や小児心臓病などを遺伝子レベルで治療する新薬」など、画期的なバイオ製品を共同開発していく。

彼らのようなバイオ・製薬企業がクリスパーの導入に積極的な理由は、これが従来の遺伝子組み換え技術よりも安全と言われているからだ。従来の組み換え技術では、異なる種の壁を越えて、ときに危険とも思える外来遺伝子を植物に取り込むことが少なくなかった。

たとえば、害虫を殺す能力を備えたBtと呼ばれるバクテリアの遺伝子を、トウモロコシのような穀物のDNAに組み入れることによって、害虫への抵抗性を備えたGMOを実現するといったケースである。このように殺虫能力を備えた危うげな生物由来の外来遺伝子を（食糧である）農作物に取り込む上に、そうした遺伝子組み換えの精度が極端に悪い。このため狙ったところとは違う場所に外来遺伝子が組み込まれて、予想もしない副作用をもたらす恐れもある。結果、欧州や日本をはじめ世界各国で、これまでGMOに反対したり、これを規制する動きが生まれてきた。

これに対しクリスパーのようなゲノム編集では、あえて、そうした外来遺伝子を導入しなくても、ターゲットとする動植物の遺伝子を直接書き換えられる。その上、遺伝子操作の精度が桁違いに向上したので、従来のGMOよりは安全だと言われている。

しかし外来の遺伝子を導入しないからといって、家畜や農作物など動植物のＤＮＡに何らかの変更を施す以上、それらが食糧として安全とは必ずしも言い切れないはずだ。

確かに現時点では、クリスパーでゲノム編集された新しい農作物や家畜に対する抗議や不安の声は聞かれない。だが、それは恐らく、この技術がまだ研究開発の段階にあるため、一般消費者には、その存在がよく知られていないからであろう。いずれクリスパーで品種改良された農・畜産物などが商品化され、食品として一般家庭の食卓に上る頃には、これらを危険視したり規制する動きは当然出てくるだろう（詳細は第四章で）。

このように将来的には相応の反発や揺り戻しは予想されるが、少なくとも現時点ではクリスパーに対する市民・環境団体などからの激しい非難や攻撃は見られない。これが世界のバイオ・製薬大手が先を争うように、この技術の商用化を急ぐ理由の一つである。中にはデュポン（ダウ・ケミカルとの合併後の企業名はダウ・デュポンを予定）のように、「早ければ５年以内に、クリスパーでゲノム編集した新種の穀物を製品化したい」と表明している企業もある。同社は２０１６年には、そうした新しい農作物の作付け実験を始める。

クリスパー特許は誰のモノ？

以上のような商用化に際してネックとなるのが、クリスパーを巡る特許紛争の行方だ。

シャルパンティエ氏（左）とダウドナ氏　写真：アフロ

こうした画期的な技術にはよくあることだが、クリスパーは今、これを巡る科学的功績と特許が誰に帰属すべきかを巡って、激しい争いの真っ只中にある。

当初、「クリスパー（正確にはクリスパー・キャス9）」の発明者は、米カリフォルニア大学バークレイ校のジェニファー・ダウドナ教授と、（発明当時）スウェーデンにあるウメオ大学に勤務していたエマニュエル・シャルパンティエ博士らを中心とする共同研究チームと見られていた。

彼女たちは、「クリスパー」と呼ばれる特殊な塩基配列に基づく生物学的システムが、DNA（ゲノム）上の狙った個所をピンポイントで切断したり、変更できることを実験的に証明。この研究成果を2012年6月、米国の学術誌

「サイエンス」に発表した（ちなみに、この特殊な塩基配列は、本章の冒頭で紹介した大阪大学の研究チームが1987年頃に発見したものだ）。

彼女たちの研究成果は「クリスパー」がゲノム編集のツールとして使えることを意味していた。ダウドナ、シャルパンティエの両氏は、このクリスパー技術の特許申請手続きも同時に進めていたので、（単なる塩基配列というより、ゲノム編集技術としての）クリスパーの特許は当然、この2人が取得すると思われていた。

ところが、意外にもクリスパーの特許を取得したのは、彼女たちとは全くの別人である米ブロード研究所のフェン・チャン（Feng Zhang）博士だった。クリスパーのようなゲノム編集は、生命科学や遺伝子工学の分野で今、最も関心が集まっているテーマなので、多数の科学者が競うように研究を進めている。

ダウドナ／シャルパンティエ共同チームと、チャン氏を中心とする研究チームはほぼ同時期にクリスパーに着目し、これを何とかゲノム編集に応用できないかと考えていた。寸刻を争う激しい競争の末に、クリスパーに関する科学論文を先に発表したのはダウドナ氏らのチームだったが、その特許取得を巡る競争ではチャン氏らが先んじたというわけだ。

この特許申請に際して、チャン氏は「（確かにクリスパーの科学論文を先に発表したのはダウドナ氏らのチームだが）先にこの技術を発明したのは実は自分たちで、それを証明する実験ノートも存在する」と主張。申請書類と共に、この実験ノートも米特許商標庁に提出した。これが特許を取得する上で有利に作用したと見られている。

これに対し、ダウドナ氏らは当然のごとく異議を唱えた。彼女が所属するカリフォルニア大学バークレイ校は米特許商標庁に対し、「チャン氏らが取得したクリスパー特許は無効である」として、特許の再審査を申請。その申請書類の中で、バークレイ校は「チャン氏の実験ノートに記載されている事柄は、(ダウドナ氏らがクリスパーの科学論文を発表した)2012年6月より前に、チャン氏がこの技術を発明したことの証明にはならない」と主張している。

米国で、こうした特許の再審査申請が受理されるケースは極めて稀で、過去には「電話」「(縫製用)ミシン」「テレビ」あるいは「IC(集積回路)」など、数えるほどしかない。いずれの特許技術も、その後、人々の暮らしやライフスタイルに革命的な変化をもたらすと同時に、世界的な巨大産業を形成するなど、科学技術史、あるいは文明史にその名を刻む技術と呼べるだろう。

そして今回、クリスパーもその仲間入りを果たした。米特許商標庁は、カリフォルニア大学バークレイ校からの再審査請求を受理したのである。多くの生命科学者はそれを当然と受け止めているが、中には「クリスパーは、それら過去の歴史的技術を遥かに超越した異次元の技術」と考える関係者もいる。

実際それは、たとえば「ミシンの発明」などとは、まるで比較にならない。レベルや次元が全然違うのである。ミシンは布を切り継ぎして服を作るだけの技術だが、クリスパーはＤＮＡ（ゲノム）を切り継ぎして生命を操る技術である。つまり人間や動物、植物など地球上のあらゆる生物が今、技術の手による進化の分水嶺に差し掛かっていると見ることもできる。ミシンとクリスパーとでは「比較にならない」と言いたくなる科学者たちの気持ちもよくわかる。

途方もないビジネス・ポテンシャル

彼らの熱い眼差しが注がれる中、２０１６年１月にクリスパー特許の再審査が正式に始まった。この手続きは一種の裁判（審理）形式で進められる。つまり特許審査官が判事のような役割を演じ、係争の当事者らから予め提出された関係書類を精査。そこから双方の言い分を聞いた上で、最終的にクリスパーの特許がどちらに帰属するか決定を下すのである。

そこで争うのは、ダウドナ氏が所属するカリフォルニア大学バークレイ校と、チャン氏が所属するブロード研究所である。ブロード研究所は、ハーバード大学とMIT（マサチューセッツ工科大学）が資金を出し合って設立した生命科学研究所だ。

ちなみにダウドナ氏は現在、50代前半の白人女性で、もっと若い頃にはスーパー・モデルでもやっていたのではないかと思われるほど見栄えのする長身痩軀の女性である。彼女の父親はハワイ大学教授であったというから、米国のいわゆるアッパー・ミドル（中上流）階級の出身と言っていいだろう。一方のチャン氏は30代半ばの男性、黒縁眼鏡をかけた丸顔の中国系アメリカ人だ。彼の両親は中国から米国への移民である。

つまり今回の特許係争は、外見や生い立ちなど極めて対照的な科学者間の争いであると同時に、米国の東西両海岸を代表する名門大学間の争いという側面も有している。本格的な審理が開始される前から、すでに両者は各種メディアを通じて激しい舌戦の火花を散らしてきたが、それも頷ける。

クリスパーはがんやエイズ、アルツハイマー病など難病を遺伝子レベルで治療し、禿げや肥満、あるいは肌のシミやシワなど美容と健康に関する私たちの悩みを解消し、いずれは長寿あるいは若返りさえも可能にして、遠い未来には新しい人類や生命体を生み出すかもしれない驚異的技術である。その商業的な価値（将来の潜在的市場）は「何百億ドル」あるいは「何千億ドル」といった具体的な金額では把握し得ない、途方もないビジネス・ポテンシャルを秘めている。

その基本特許を押さえた科学者や大学などは、近い将来、目も眩むような巨万の富を手にするだろう。そればかりか、ゲノム編集など遺伝子工学を核にして生まれ変わる未来の医療、バイオ、化学、製薬、農業、さらには美容・ヘルスケア産業などの主導権も握ることができる。将来、この分野に参入しようとする玉石混交のベンチャー企業はもとより、BASF、デュポン、ファイザー、ノバルティス、ロッシュ、あるいはバイエルやモンサントなど世界的な巨大企業さえ、「基本特許」という首根っこを押さえられてしまえば、彼ら科学者や大学などの前にひれ伏さざるを得ないのである。

クリスパー特許が最終的に誰の手に渡るか、その帰趨(きすう)が定まる前から、すでに彼らは、この技術を核とするベンチャー企業を次々と立ち上げ、目前に迫ったゲノム編集の商用化とそのブームに備えている。

科学者に群がる巨大企業

まずダウドナ氏は協力者らと共同で「カリブー・バイオサイエンシズ（Caribou Biosciences)」そして「インテリア・セラピューティクス（Intellia Therapeutics)」という2つのベンチャー企業を矢継ぎ早に立ち上げた。前者は主にクリスパー特許のライセンス供与や、大手バイオ・製薬メーカーとの提携など、クリスパーのビジネス化を担当する。後者は主に難病治療など、医療分野でのクリスパー商用化に臨もうとしている。

またダウドナ氏とともにクリスパーの基礎技術を開発した、前出のウメオ大学（スウェーデン）のエマニュエル・シャルパンティエ氏はその後、ドイツのヘルムホルツ感染研究センターを経て、ベルリンにあるマックス・プランク感染生物学研究所の所長に就任。これとともに、自身も「クリスパー・セラピューティクス（CRISPR Therapeutics）」など2つのベンチャー企業を共同設立した。

一方、彼女たちと特許争いを演じることになったブロード研究所のフェン・チャン氏は、それ以前から「エディタス・メディシン（Editas Medicine）」というベンチャー企業を関係者らと共同で立ち上げ、各種の神経疾患や血液疾患などをクリスパーで治療する技術を開発・商用化しようとしている。元々、同社の創立にはダウドナ氏も関わっていたが、彼女とチャン氏との間で特許争いが持ち上がると、当然ながら両者は袂（たもと）を分かち、ダウドナ氏はエディタス社を去った。

彼ら科学者と、その所属する大学らは、（今回の特許係争がまだ決着していない現時点で、すでに）自らが所有する（と主張する）クリスパー関連の特許技術を、他の大学などによる純粋な研究目的には無料で提供している。一方、製薬会社やバイオ企業などが今後、クリスパー特許を使って新たなビジネスを展開する場合には、そこから相応の特許使用料を徴収する方針だ。

すでに世界的な巨大企業が、彼らの周囲に群がっている。世界第2位の製薬メーカー、ノバルティス（スイス）はダウドナ氏らが立ち上げたベンチャー2社に投資し、クリスパー特許の使用権（ライセンス）を早々と確保。この技術を使って新たな医薬品の開発や創薬プロセスの効率化に乗り出す。また化学・バイオ大手の米デュポンも（同じくダウドナ氏の）カリブー・バイオサイエンシズと提携し、同社のクリスパー技術を使ってトウモロコシや小麦など主要穀物の品種改良に臨もうとしている（ちなみにデュポンは2015年12月、米ダウ・ケミカルと合併し、ダウ・デュポンとなることで合意した）。

さらにドイツの製薬大手バイエルは、（シャルパンティエ氏の）クリスパー・セラピューティクスに3500万ドル（35億円前後）を出資すると同時に、両社共同で新たな合弁会社を設立。ここに今後、5年間で約3億ドル（300億円前後）を投じ、新薬の開発に臨むと発表した。

一方、ダウドナ氏らと特許係争中のチャン氏らが立ち上げたエディタス・メディシンも、2013年に設立されて以来、約10億ドル（1000億円前後）もの巨額投資を集めている。その出資者の中には、マイクロソフト創業者のビル・ゲイツ氏や、グーグル傘下の投資会社グーグル・ベンチャーズなどが含まれており、この点も大きな話題となった。

不老長寿を目指すグーグル

中でもグーグル・ベンチャーズの動きは興味深い。同社は米グーグル傘下の投資会社として2009年に設立された（ちなみに現在は、2015年におけるグーグルの組織再編によって生まれた持ち株会社アルファベットの傘下にある）。その後、運用資金額をぐんぐん伸ばし、2015年には年間の新規投資額が4億ドル（当時の為替レートで約480億円）以上と、米国で第4位のベンチャー・キャピタル（ベンチャー企業専門の投資会社）へと急成長を遂げた。

同社CEO（最高経営責任者）のビル・マリス氏は2015年3月、米経済メディア「ブルームバーグ」に掲載された記事の中で「人は（いつの日か）500歳まで生きることができるだろう」と述べている。もちろん、どこまで本気の発言なのかは定かでないが、彼らが長寿や健康への取り組みに大きな関心を抱いている証として注目を浴びた。

グーグル・ベンチャーズの経営は、親会社のグーグル（公式にはアルファベット）から独立しているが、マリス氏はグーグル本体の特別プロジェクト担当・副社長も兼務している。このためマリス氏の発言には、グーグル本体、なかんずく同社創業者であるラリー・ペイジ氏の意思が、秘かに反映されていると見る向きもある。

このペイジ氏が２０１２年にグーグルの技術開発責任者として雇い入れたのが、米国の著名な発明家、レイ・カーツワイル氏だ。同氏は「ＯＣＲ（光学式文字読み取り機）」や「シンセサイザー」の発明者として知られるが、一方で「類稀（たぐいまれ）な奇人」との評判もある。

１９４８年生まれのカーツワイル氏（現在68歳）は、特に不老不死に強い関心と願望を抱いており、毎日２５０種類もの健康サプリメントを服用して、何とか２０４５年まで生き延びようとしている。その理由は、２０４５年になれば人間の頭脳をコンピュータ（つまり電脳）の能力が上回るので、そこに人間の記憶や意識をアップロードすれば人は永遠の命を得ることができると、カーツワイル氏が固く信じているからだ。

同氏はまた、「ナノボット」と呼ばれる極小ロボットを人間の血管内に注入することによって、人間の寿命を大幅に延ばし、永遠の若さを保つことができる、とも主張している。その理由は、ナノボットが体内の病原菌やがん細胞など「健康と生命の阻害要因」を殺してくれるからだ。

このカーツワイル氏のような天才奇人が背後に控えているため、２０１５年におけるマリス氏の一見奇矯な発言に対しては、「いよいよグーグルが『電脳アップロード』や『ナノボット』のような、途方もないＳＦプロジェクトに乗り出す前兆ではないか」との見方もあった。が、当のマリス氏はそうした憶測を「馬鹿げている」と一笑に付している。つまり「人間の寿命がいずれ５００歳にまで延びる」という予想は、もっと真面目で科学的な裏付けに支えられているというのだ。

生命科学とＩＴの融合

それは最近の生命科学の急速な進歩によるという。マリス氏が率いるグーグル・ベンチャーズは過去に、スマホを使った配車サービスの「ウーバー」、ビッグデータ関連の「クラウデラ」、さらにはスマートホーム技術の「ネスト」など、基本的にはＩＴ関連の有望ベンチャーに投資してきた。しかし最近になって、遺伝子解析などを中心とする生命科学分野へと投資先をシフトさせている。より具体的には、グーグル・ベンチャーズの投資総額のうち、生命科学関連の企業が占める割合は、２０１３年の6パーセントから２０１５年には36パーセントへと大幅にアップした。

そうした投資先の一つである「ファウンデーション・メディシン」という米ベンチャー企業では、遺伝子解析技術を使って、個々の患者に特化したがんの治療サービスを提供している。これまでの医学では、悪性腫瘍を治すためには摘出手術か、抗がん剤などを使った化学療法に頼るしかなかった。特に抗がん剤は副作用が強く、患者に多大な苦痛を与えるケースも少なくない。

こうした一律的な治療法に対し、遺伝子解析を中心とする個別治療に切り替えれば、個々の患者の遺伝的特質に合わせてオーダーメイドの医療が可能になる。これによって、苦痛を伴う化学療法を排除すると同時に、悪性腫瘍、つまり、がんを根本的に治すことへの期待が高まっている。

実際、ファウンデーション・メディシンでは、すでに遺伝子解析に基づく個別の投薬治療などによって、それまで一律的な化学療法では治らなかった患者の悪性腫瘍を大幅に縮小させ、その健康を取り戻すことに成功したという（ただし、こうした成功例はむしろ例外的なケースであり、一般に現時点の個別化医療では当初期待されたほどの成果は上がっていない）。

グーグル（アルファベット）は他にも、一般消費者向けの遺伝子解析サービスを提供するベンチャー企業「23andMe」に投資するなど、この分野に強い関心を示している。またグーグル本体が培った「ディープラーニング」など最先端のＡＩ（人工知能）技術も、患者の遺伝子や医療データなどの解析で大きな力を発揮すると見られている。

グーグルは恐らく今後、そうした高度なＡＩによって各種難病の原因を遺伝子レベルで解明し、これをクリスパーのようなゲノム編集技術、つまり「ＤＮＡのメス」によってピンポイントで治療する次世代医療の開拓に乗り出すだろう。（クリスパーを開発したフェン・チャン氏を擁する）エディタス・メディシンへの投資を決めたのは、そこへと向かう第一歩と見られている。

続く第二章では、以上のような最先端の動向をより深く理解するために、クリスパーのベースとなる分子生物学や遺伝学の基礎をわかりやすく解説する。またクリスパー登場の背景にある「パーソナル・ゲノム」、つまり誰もが自分の遺伝情報を知り、これを管理する時代の到来について考えてみたい。

第二章　解明されてきた人間の「病気」「能力」「特徴」

――パーソナル・ゲノムの時代

ゲノム編集技術「クリスパー」は、その操作対象となる「遺伝子」、あるいは「ゲノム」といった生命科学の専門用語が、私たち一般人にとっても極めて身近な存在になる、まさにそのタイミングで登場してきた。

たとえば、ここ数年の間に日米をはじめ世界各国で、一般消費者に向けてわずか数万円程度の料金で遺伝子検査サービスを提供する業者が続々と登場してきた。そう遠からぬ将来、私たちはそれらの検査結果から予想される自らの遺伝性疾患（あるいは、これから生まれてくる子供の病気）などを、医師の手を借りてクリスパーであらかじめ治療してしまう。そのような時代が訪れるかもしれない。

しかし、そこに至るまでには多くの問題や課題が山積している。中でも現時点における最大の問題は、そうした遺伝子検査の結果を正しく理解し、適切に対応するための専門知識を、一般消費者の大多数が持ち合わせていないことだ。まずはその現状を眺めてみよう。

注目を集めた遺伝子検査サービス

「遺伝子検査（ＤＮＡ検査）」、あるいは「遺伝子解析」などと呼ばれるビジネスは、近年のゲノム解析技術の急速な発達と低価格化に伴って生まれた。もちろん、専門の科学者や医師らによる研究目的の遺伝子解析なら昔から行われてきた。しかし、一般人が手軽にインターネット経由で自身の遺伝子解析の結果を知ることができるようになったのは今世紀に入ってからだ。この種のサービスは一般にＤＴＣ（Direct To Consumer：消費者に直接提供される遺伝子検査サービス）と呼ばれる。

その先駆けは、２００６年に米国で設立された23andMeだ。同社は一般消費者（ユーザー）に向けて、その唾液を採取するためのキットを99～数百ドルで郵送販売。ユーザーが自らの唾液を入れた容器を郵便で23andMeに返送すると、同社はこの唾液を「ＤＮＡマイクロアレイ」（詳細は後述）などと呼ばれる検査装置によって解析する。

その解析結果は（このユーザーの）「肥満や糖尿病など生活習慣病のリスク」「遺伝性疾患を引き起こす遺伝子の有無」「先祖関係」「スポーツや学業、芸術などの能力」など、多岐にわたる。23andMeでは、これらの解析結果を専用のホームページ上に掲載し、ユーザーはその結果をパスワードなどを使って、自分だけが見ることができる。

23andMeは自らのビジネスを宣伝するため、各界の著名人らを多数動員。彼らが採取キットの容器に唾を入れる「唾吐きパーティ」の様子が各種メディアで報じられるなどして、急速にユーザー数を伸ばした。これを受け、同様のビジネスに参入するベンチャー企業が次々と生まれた。

米国より若干遅れて、日本でも遺伝子解析サービスを提供する業者が続々と登場したが、こうしたビジネスが脚光を浴びたのは２０１４年に入ってからだ。同年１月、東京大学の大学院生らが起業した「ジーンクエスト」というベンチャー企業に続き、８月にはスマホ・ゲームなどで急成長したＤｅＮＡの子会社「ＤｅＮＡライフサイエンス」が、一般消費者向けの遺伝子解析サービスを開始。ジーンクエストは後にヤフーと提携して、サービスを提供するようになった。このように大手ＩＴ企業の参入によって、日本でも遺伝子解析サービスが注目を浴びるようになった。

しかし米国でも日本でも、その後の遺伝子解析ビジネス（ＤＴＣ）が歩んだ道は険しかった。

科学的な信頼性に欠ける？

まず米国では、このビジネスをリードしてきた23andMeが、２０１３年11月に米連邦政府の規制当局であるＦＤＡ（食品医薬品局）からサービスの差し止め命令を受けた。その主な理由は、遺伝子解析の結果が科学的な信頼性に欠けるということだった。

米ニューヨーク・タイムズ紙の報道によれば、23andMeを含む３つの業者が提供する遺伝子解析サービスを使ってみたユーザーが、業者によって全く異なる検査結果を受け取ったという。たとえば、ある業者の解析結果では、「リウマチ」と「乾癬(かんせん)」にかかるリスクが極めて高いと判定されたのに、別の業者からは同じリスクが極端に低いと判定された。他にもいくつか、同様のちぐはぐな検査結果があったという。

この理由について、分子生物学や医学の専門家は「多くの病気は多数の遺伝子や環境要因が複雑に絡み合って発症するものだが、現在の遺伝子解析サービスでは、そのうちのごく一部をチェックしているに過ぎない。しかも業者によって、チェックする遺伝子が異なっている場合もある。この程度のものを医療・健康サービスとして提供するのは危険であり、むしろ一種のエンターテインメントとして提供すべきだ」と語っている。

実際、23andMe はＦＤＡとの交渉を経て、サービスの全面差し止めは免れたものの、「病気へのかかりやすさ」など医療・健康関連の解析サービスは停止に追い込まれた。一方で「先祖探し」など、ユーザーの生命や健康に差しさわりのない、エンターテインメント的な解析サービスは継続して提供することが許可された。

その後、23andMe は大手製薬会社などと提携し、多数のユーザーから提供されたゲノム（全遺伝情報）をビッグデータ解析して、新薬の開発に役立てるビジネスへと事業転換を図った。すでに２０１６年６月時点で、１００万人以上もの個人ユーザーから集めたゲノム・データを、製薬メーカー13社に対し有料で提供している。しかし仮にこれが今後、

23andMe の主要な収入源となるようであれば、同社は個人ユーザーからサービス使用料を徴収するのではなく、むしろ逆に彼らにゲノム・データの提供料を支払うべき、との意見も聞かれる。

なぜならユーザーは究極の個人情報、つまり極めて貴重な知的財産とも言えるゲノム・データを 23andMe に提供し、同社はこれを製薬メーカーなどに売ってお金を儲けているからだ。言わば商売のタネをユーザーからもらっておきながら、その上、さらに料金まで請求するのは虫が良すぎる、という考え方である。

いずれにせよ、このように新規ビジネスを開拓する一方で、同社はＦＤＡとも粘り強く交渉を続け、（時間は前後するが）２０１５年には、健康・医療関係の遺伝子解析でも「嚢胞（のうほう）性線維症やブルーム症候群など、特定の遺伝性疾患（36種類）を引き起こす遺伝子を保有している」という情報に限って、ユーザーに提供することが許可された。

一般ユーザーをどう保護するか

一方、日本の状況は米国とかなり異なる。少なくとも現在まで、日本の遺伝子解析サービス（ＤＴＣ）には、米国のように「医療・健康関係の情報提供は禁止する」といった規制はかけられてこなかった。ただし、後述するメンデル性疾患など「原因遺伝子が特定されている病気」の診断はできない。それは本来、医師が行うべき医療行為と見なされ、DTCの対象外と定められている。

一方でいわゆる「生活習慣病」など、ある種の遺伝子が何らかの病気や体質などに関与していると見られるものの、それが確実に病気などの原因とは断定できない場合には、DTCの検査対象に含まれる。このため、たとえば（ユーザーに対し）「貴方は肥満を引き起こす遺伝子を保有しています。ぜひ、弊社のダイエット・プログラムに加入してください」といった怪しげなサービスが跋扈（ばっこ）してきた。

そこで2015年10月には、遺伝子解析サービスに関わる27企業・団体からなるNPO法人「個人遺伝情報取扱協議会」が認定制度を設けた（その後、37企業・団体へと増加）。この制度では「個人遺伝情報を取扱う企業が遵守すべき自主基準」を設け、これに従う業者を（正当な業者として）認定する。そこには、「遺伝子解析結果の科学的根拠を明示する」といった約200項目の審査基準が設けられている。しかし、あくまでも企業側の自主基準に基づく自己申告制であり、実効性に欠けるとの見方もある。

このため、厚生労働省が遺伝子検査の質を担保するべく規制を検討中だが、逆に新産業の育成を促したい経済産業省は、「これまで具体的なトラブルは発生していない」として規制には消極的とされる。

諸外国の状況を見ると、米国ではＦＤＡが（前述の通り）23andMeなど遺伝子検査サービス業者を厳しく行政指導している。また彼らが提供する遺伝子検査キットは医療機器とみなされるため、こうしたビジネスを始める際にはＦＤＡの承認が必要だ。さらに、そうした連邦政府による規制とは別に、ニューヨーク州をはじめ13州では遺伝子検査サービスを禁止している。

このように民間業者によるサービスを規制する一方で、アメリカ国立衛生研究所、つまり連邦政府自らが1億3０００万ドル（１３０億円前後）もの予算をかけ、今後4年間で１００万人以上の被験者を募って遺伝子検査を実施する予定だ。これによって高精度医療の普及に弾みをつける狙いとされる。

一方、ドイツやフランスなどでは、遺伝子検査サービスは医師や病院などを介して提供することが法律で決められており、日本や米国のように企業だけで、こうしたビジネスを展開することはできない。これらの国々ではまた、利用者の不安に配慮して、遺伝子検査の前後に医師など専門家によるカウンセリングを義務付けている。

諸外国ではまた、遺伝子検査の結果（データ）に基づく、個人への差別を禁止している国も少なくない。たとえば米国では、「遺伝情報差別禁止法（Genetic Information Nondiscrimination Act：ＧＩＮＡ）」と呼ばれる法律を制定。これによって、企業が労働者を採用したり、その保険加入などを判断する際、遺伝子検査などのデータを使うことを原則禁止している。具体的な事例で説明すると、たとえば「この労働者（入社志願者）はパーキンソン病を発症する遺伝子を持っており、いずれは業務に支障をきたす恐れがあるので採用を控えよう」といった企業側の差別的対応などを禁止する。

これと同様の法律はドイツやフランスなどにも存在する。ただしドイツでは生命保険で30万ユーロ、年金保険で年3万ユーロを超える大型契約については、すでに実施された遺伝子検査のデータを求めることが許されている（「病気のリスク手軽に判定／異業種も参入　遺伝子検査どこまで信頼？」、山崎純、日本経済新聞、２０１６年1月10日付より）。

以上のように諸外国では、遺伝子検査サービスを何らかの形で規制する法制度が整備されつつある。特にドイツやフランスなどでは、遺伝子検査サービスは医療機関を介して提供すると共に、検査の前後に医師など専門家によるカウンセリングを義務付けている。

これらの規制がなければ、医学や遺伝学の専門知識を持たない一般ユーザーが、遺伝子検査の結果を鵜呑みにして自らの健康や将来に不安を抱いたり、本来不要な医療措置をあえて受けたりする恐れがある。また結婚や出産、就職などを控えて、（自らの遺伝子データに過剰に反応するなどして）誤った判断を下すかもしれない。

そうした中、日本では今後、厚労省や経産省などの綱引きによって、諸外国のような規制が敷かれるか否かについては予断を許さない状況にある。が、いずれにせよ、遺伝子検査サービスなどの普及によって、私たちのような一般消費者が自らのゲノム（全遺伝情報）を基本的な個人情報として利用・管理する「パーソナル・ゲノムの時代」は目前に迫っている。

その際、仮に医師など専門家のカウンセリングやアドバイスを受けるにせよ、最終的な判断を下すのは私たち自身である。そこで適切に対応するには、私たちの側にも自らの遺伝情報を正しく解釈する能力が必要とされてくるだろう。

そこで以下では、来るべき「パーソナル・ゲノム時代」を生きるために必要な「分子生物学」や「遺伝学」の基礎を簡単に学んでいくことにしよう。それは、これからの21世紀を生き抜くための「新しい常識」と呼ぶことができるだろう。また本書の後半で、クリスパーへの理解を深めていくための準備でもある。

DNAとは何か？

2014年に公開された映画『闇金ウシジマくん　Part2』では、主人公の丑嶋(うしじま)と情報屋の戌亥(いぬい)が居酒屋で焼き鳥を食いながら、次のような会話をする場面がある。

戌亥「日本人てさ、平安時代から焼き鳥食ってたらしい。その頃は鶏(トリ)じゃなくて、野鳥焼いてたっぽいんだけどさ」
丑嶋「ああ、そう」
戌亥「たまに無性に焼き鳥が食いたくなるのは、日本人のＤＮＡに、もう焼き鳥が組み込まれてるからだと思わない、ウシジマくん？」
丑嶋「……知らねえ」

映画を見ながら思わず笑ってしまったが、別に戌亥やウシジマくんを馬鹿にしているわけではない。真面目な話、私たち一般人のＤＮＡに対する理解はおおむね、このレベルだろう。現代社会におけるＤＮＡは一種の文化的アイコンの域に達しているが、実際のところは、わかったような、わからないような曖昧な概念である。

本当のＤＮＡとは、一体どんなものなのか？　その科学的実像と、それが私たちの諸性質や病気などに、どう関わってくるかを、以下ざっと見ていこう。

19世紀半ばに、エンドウ豆の交配実験から遺伝の法則と遺伝子の存在を示したのは、当時のオーストリア帝国の司祭グレゴール・メンデルだが、遺伝子の正体がＤＮＡであると判明したのは20世紀半ばのことである。

ここからＤＮＡの構造解析が進み、１９５３年には英国の物理・生物学者フランシス・クリックと米国の生物学者ジェームズ・ワトソンが共同で「ＤＮＡの二重らせん構造」モデルを提唱。これを契機に分子生物学、つまり「人間をはじめ諸生物の性質や仕組みを、ＤＮＡのような分子レベルで解明する学問」が一気に開花した。

ＤＮＡは「デオキシリボ核酸（Deoxyribonucleic Acid）」の頭文字をとった略称である。それはまた「ヌクレオチドを基本単位とする高分子化合物」と言い直すこともできる。

ヌクレオチドは五炭糖、リン酸、そして全部で4種類ある塩基のうちの1種類が結合した分子である。このヌクレオチドが（生物の種類に応じて）何百万から何十億個も鎖のようにつながっている。

ＤＮＡは、そのような鎖が2本重なったものである（これを二重鎖という）。それぞれの鎖は「らせん」のような形をしている。より具体的には五炭糖とリン酸をバックボーンにして、そこから塩基が、らせんの内側（中心軸）に向かって突き出たような形になっている。

塩基には「アデニン（Adenine）」「チミン（Thymine）」「グアニン（Guanine）」「シトシン

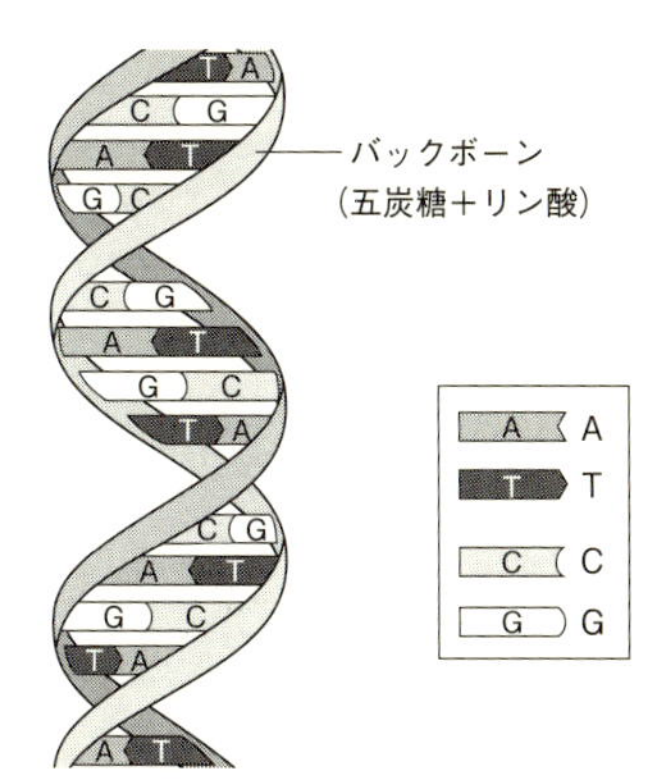

【図1】DNAの二重らせん構造

（Cytosine）」の4種類がある。だが多くの場合、このようにフルネームで呼ぶのは面倒なので、それぞれの頭文字をとって「A」「T」「G」「C」で表す。

ＤＮＡの二重鎖は、２本の鎖（らせん）から各々内側に向かって突き出た腕のような塩基が、ちょうど真ん中辺りで握手して、つながったような構造をしている。これが（前述のワトソンとクリックが示した）ＤＮＡの二重らせん構造である（図１）。

そこにおける塩基のつながり方、つまり組み合わせには法則性がある。それに従えば、片方がＡである場合、もう片方は必ずＴ、そして片方がＧである場合、もう片方は必ずＣでなければならない。つまり「Ａ－Ｔ」、「Ｇ－Ｃ」というコンビネーションである。これを「ＤＮＡ二重鎖の相補性」という。

こうしたＤＮＡの構造が示唆することは、それが自らのコピー（複製）を作るメカニズムであること

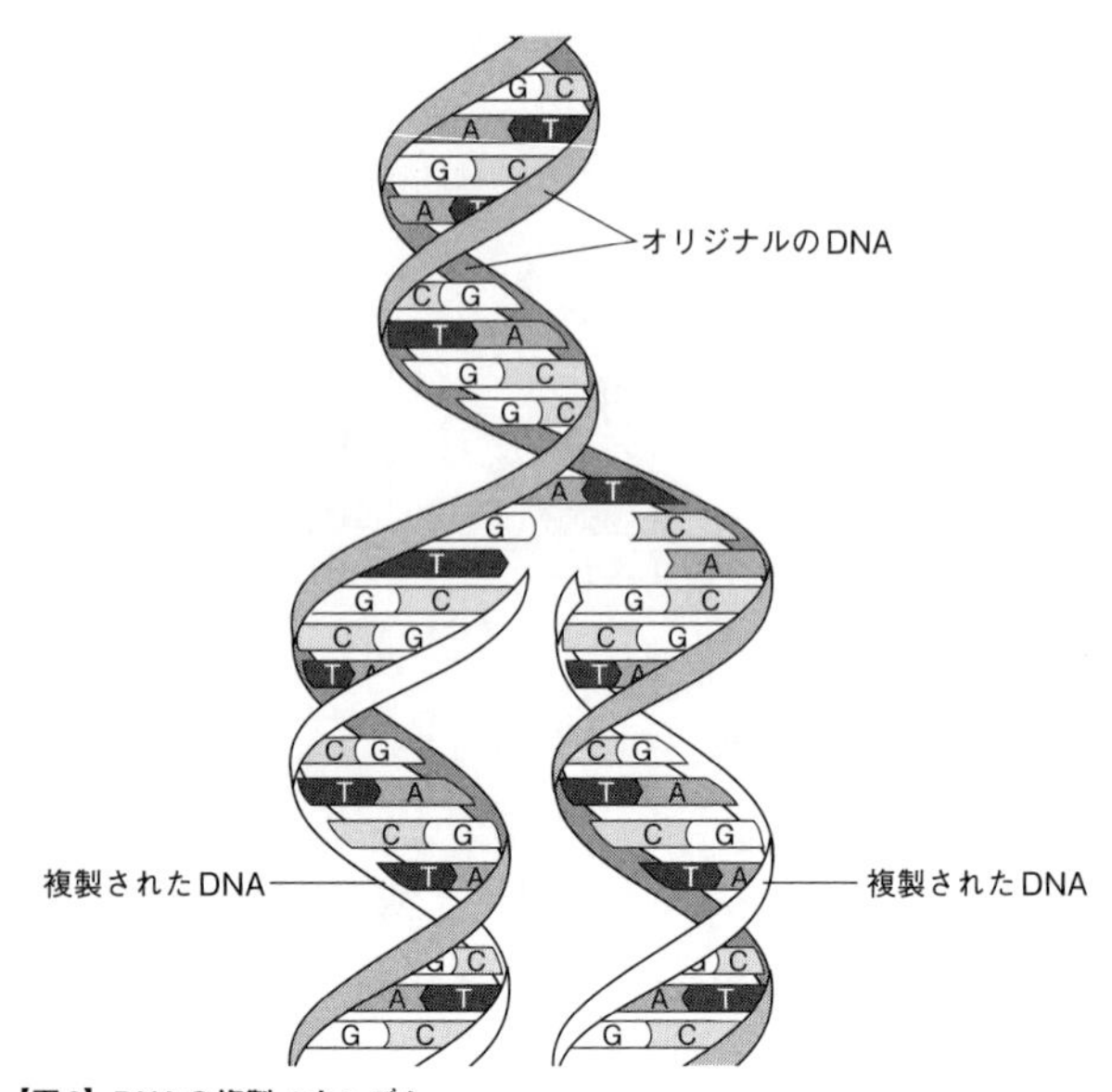

【図2】DNAの複製メカニズム

に、ワトソンとクリックは1953年に発表した論文の中で触れている。具体的には、生物の細胞分裂に伴い、DNAの二重鎖もほどける。そして各々の鎖が相補性に従って、別の鎖と再び二重鎖を作ることにより、分裂する前と全く同じDNAのコピーが誕生するのである（図2）。

DNA（二重鎖）のそれぞれの鎖では、これらA、T、G、Cの塩基が順番を変えながら、延々と連なっている。厳密には「（DNAの基本単位である）ヌクレオチドが延々と連なっている」というのが正確な表現だが、ヌクレオチドを構成する3種類の要素のうち、（バックボーンを構成する）五炭糖とリン酸はどのヌクレオチドでも同じ。違いは唯一、（バックボーンから突き出た）4種類の塩基にあるので、それら塩基が並んでいる順番を言えば、それはとりもなおさず4種類のヌクレオチドの並ぶ順番を言ったのと同じことになる。だから（より簡単な方を採用して）塩基の並ぶ順番で済ませてしまうのだ。

具体的な例で示すと、たとえば「AGCCTCAGGATGCT……」といった配列である（私たち人間のDNAでは、これら4種類の塩基が約32億個も連なっている）。これを塩基配列と呼ぶ。この塩基配列こそ「ゲノム」、つまり「DNAに記された（生物の）全遺伝情報」である。

ただし、（前述の通り）DNAは2本の鎖からできているので、両方の鎖の塩基配列を言う必要があると思われるかもしれない。しかし実際には「二重鎖の相補性」、つまり「A－T」、「G－C」という決まったコンビネーションがあるので、その必要はない。先程の具体例の場合、この法則性に従って、片方の鎖の塩基配列が「AGCCTCAGGATGCT……」ならば、もう片方は必ず「TCGGAGTCCTACGA……」になる。だからあえて、それを言う必要はないのである。つまりDNAのゲノムは、それを構成する2本の鎖（らせん）のうち、片方の鎖の塩基配列によって完全に表現される。

塩基配列の情報量は、それを構成する「塩基対（base pairs：ｂｐｓ）」の総数で表される。なぜ単なる「塩基」ではなく、あえて「塩基対（ｂｐｓ）」という単位を使うかというと、ＤＮＡが相補的な二重鎖であるからだ。つまり塩基配列は「Ａ－Ｔ」、「Ｇ－Ｃ」という相補的なペア（対）として存在するから、それを数える際の単位も塩基対（ｂｐｓ）になる。前述の通り、人間のＤＮＡ（ゲノム）の情報量は約32億ｂｐｓである。

さて以上のようなＤＮＡは通常、（後述する）細胞の「核」と呼ばれる部分の内部に、水分に溶けた状態で広がっており、普通の光学顕微鏡では見えない。ところが細胞が分裂する際には、そうした液体状のＤＮＡが結集して紐状のユニットを何個も形成する。つまりＤＮＡは１本の連続した二重鎖ではなく、いくつものユニットに分割されて存在するのである。

このユニットは「染色体」と呼ばれ、光学顕微鏡で見ることができる。それは極めて細いＤＮＡの鎖がコンパクトに幾重にも折り畳まれて、タンパク質と組み合わさったものである。私たち人間の場合、染色体は23種類あって、それぞれがペア（対）をなしている（図３）。

図３の中で、１番から22番までのペアは「常染色体」と総称されるが、個別には「１番

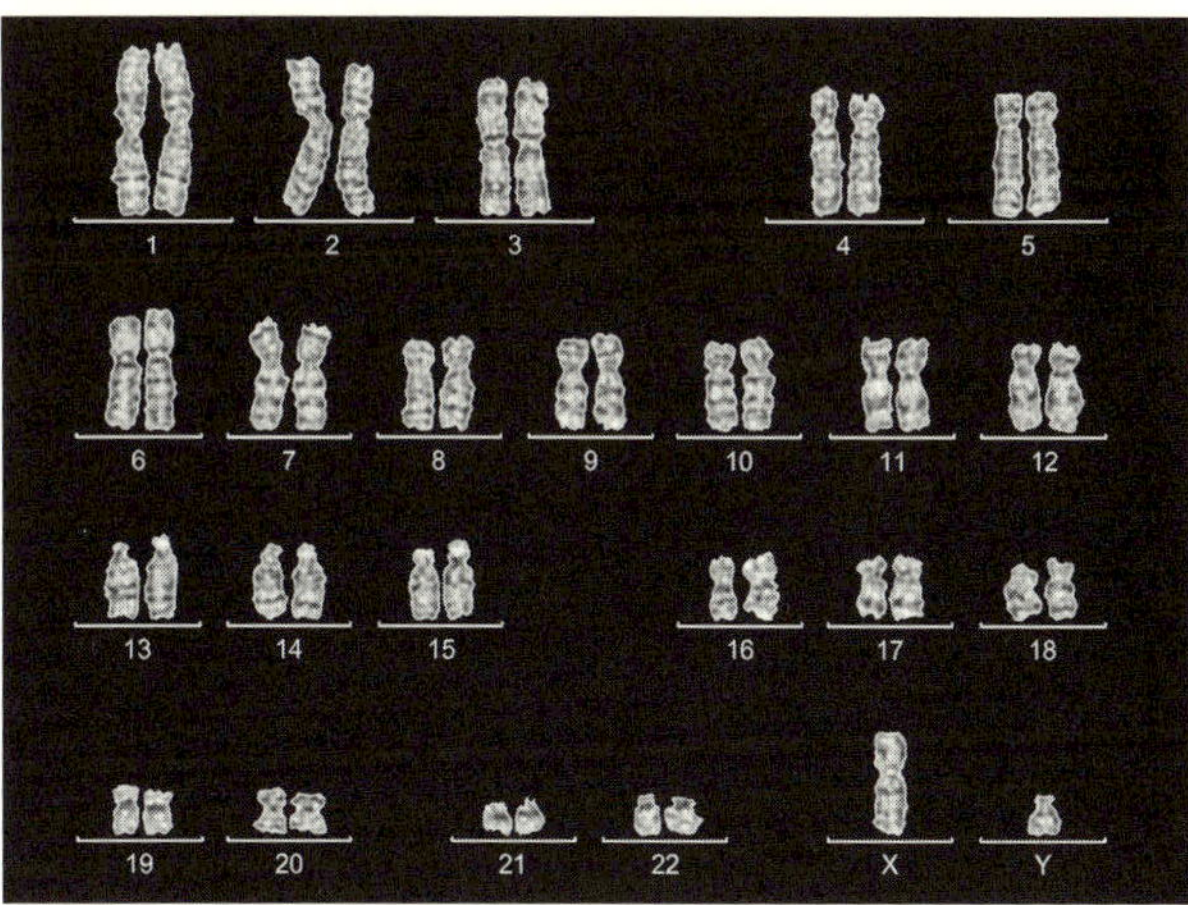

【図3】ヒトの染色体　写真：アフロ

染色体」「２番染色体」……「22番染色体」と呼ばれる。１～22番の各々ペアをなす染色体は、そのうちの１本が父親から受け継いだもの、もう１本が母親から受け継いだものだ。これらは（父親由来、母親由来という違いはあるにせよ）機能的には互いに相手と同じ染色体なので、「相同染色体」とも呼ばれる。

一方、最後の23番目にくるＸとＹのペアは「性染色体」と呼ばれ、Ｘが母親、Ｙが父親から受け継いだものだ。それぞれ「Ｘ染色体」「Ｙ染色体」と呼ばれる。図３には、その両方が描かれているが、このようにＸ、Ｙ染色体を持つのは男性。一方、女性は２本のＸ染色体を持ち、Ｙ染色体は持たない。女性が持つ２本のＸ染色体は、そのうち１本が母親、もう１本が父親から受け継いだものだ。

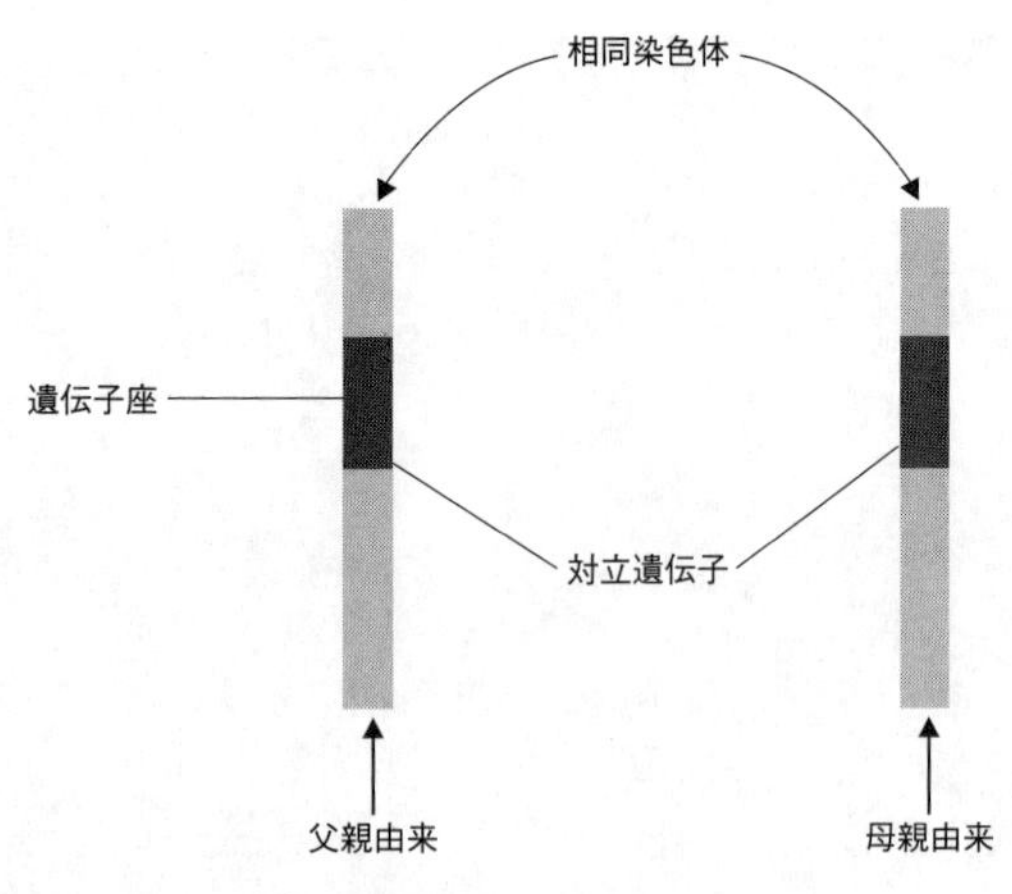

【図4】相同染色体と遺伝子座、対立遺伝子などの関係

また1〜22番の、各々ペアをなす2本の相同染色体の上で、それぞれ同じ位置（専門的には「遺伝子座」と呼ばれる）にある遺伝子は、互いに「対立遺伝子」と呼ばれる（図4）。つまり私たちは誰でもペアを成す相同染色体の上に、父親由来と母親由来の2つの対立遺伝子を持っている。これらの遺伝子は私たちの形質（専門的には「表現形」と呼ばれる）を左右する。たとえば（欧米の人たちがよく気にする）目（虹彩）の色を左右する遺伝子の一つに、15番染色体上に位置する「HERC2」遺伝子がある。父親由来と母親由来のHERC2遺伝子の対立関係によって、その子供の目の色が決まる。だから対立遺伝子と呼ばれるのだ。

一般に青色よりも茶色の方が、目の色として現れやすい。このため（仮に）父親から青、母

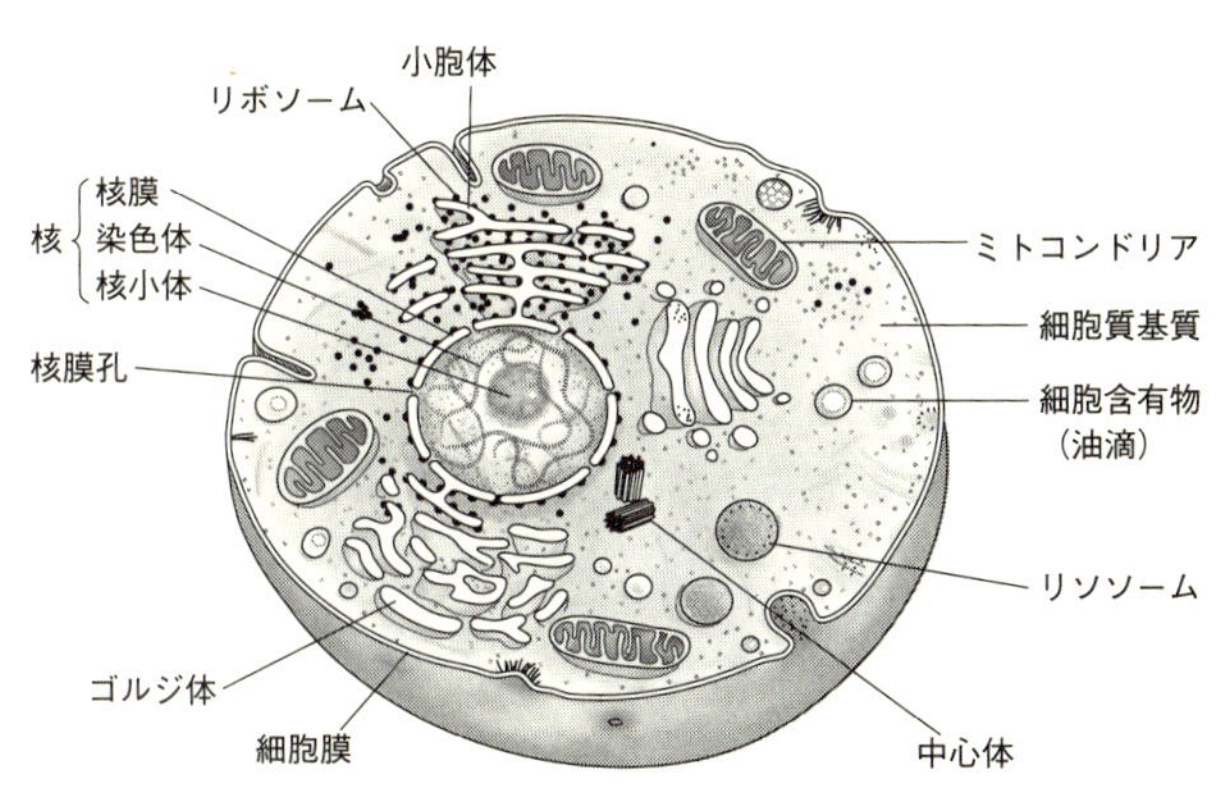

【図5】 細胞の内部構造

親から茶のHERC2遺伝子を受け継いだ子供の目の色は、ほぼ間違いなく茶色になる。こうした場合、青は「劣性」、茶色は「優性」の形質（表現形）と呼ばれる。そして劣性の形質が子供に現れるためには、この子供が父親と母親の双方から劣性の対立遺伝子、この場合は「青のHERC2遺伝子」を受け継ぐ必要がある。つまり「優性」とは現れやすい形質なので、たった1個でもあれば現れるのに対し、劣性とは現れにくい形質なので（現れるためには）2個必要なのである。

以上のような染色体、つまりDNAは人間など「真核生物」の場合、細胞の内部にある「核」と呼ばれるパーツの内部に存在する（図5）。この核以外にも、細胞の様々な活動に必要なエネルギーを作り出す「ミトコンドリア」

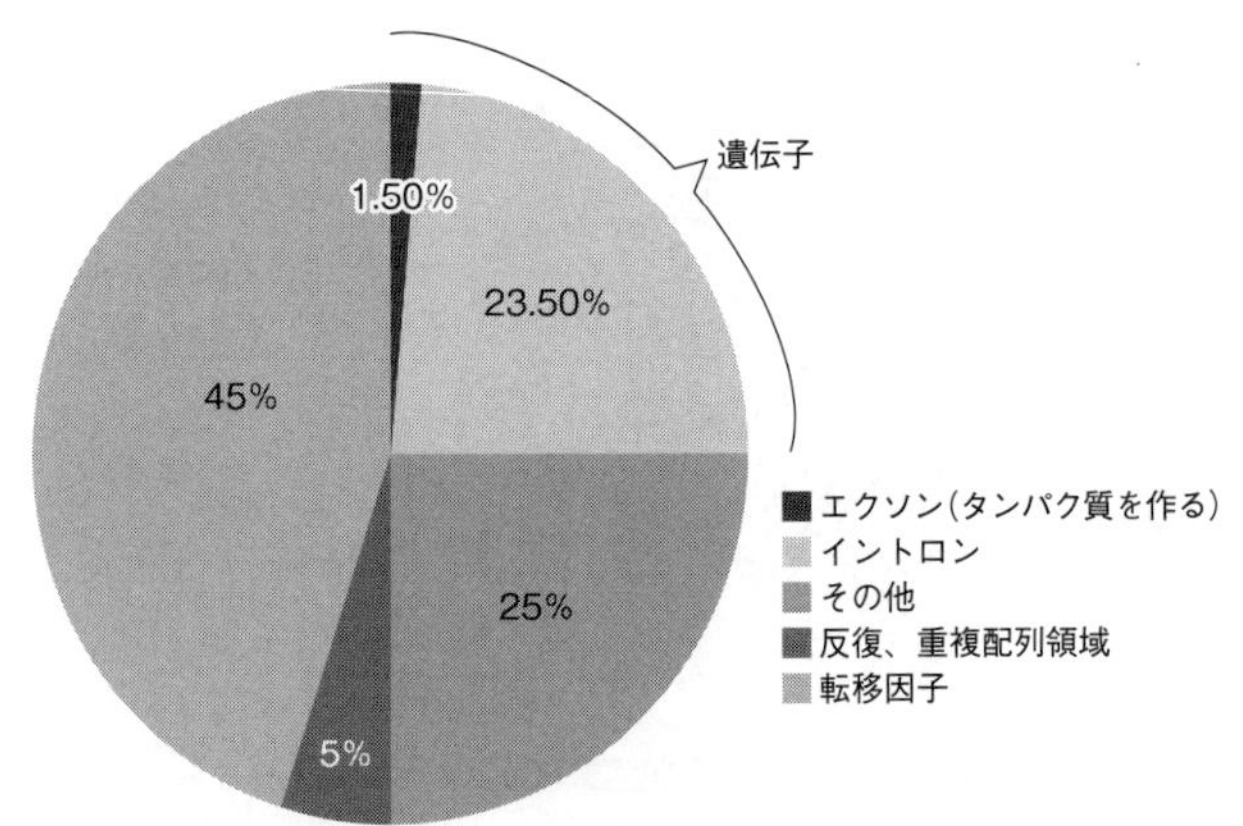

【図6】ヒトのゲノムに記されている各遺伝情報の割合
出典：生命分子と細胞の科学、第7回「ゲノムとゲノム科学」、二河成男、放送大学

や、体内のタンパク質を合成する「リボソーム」など様々なパーツが細胞の内部には存在する。このような細胞が約60兆個も集まって、私たち人間の体を形成している（最新の研究成果では37兆個という説もある）。

さて32億個もの塩基対からなる人間のDNA（ゲノム）だが、それは具体的に何をするものなのだろうか？　それらの役割を示したのが図6だ。

図6からわかるように、ヒトのDNAのうち、遺伝子の占める割合は約25パーセントに過ぎない。そして、それ以外の部分（領域）が果たしている役割は、実はよくわかっていない。かつて、それは何の目的も意味も持たない「ジャンク（屑）」領域と見られてい

た。その後、米国における「エンコード（ENCODE）」と呼ばれる大規模な研究プロジェクトなどによって、当初はジャンクと見なされた領域が、実は生命を維持する上で重要な役割を果たしていると考えられるようになった。ただし、その機能や役割の詳細は、現時点では、まだよくわかっていない。

逆に、それがよくわかっているのは遺伝子の部分である。私たち一般人にとって遺伝子とは「親の形質を子が受け継ぐための何か」という漠然とした存在かもしれないが、より科学的には遺伝子とは「タンパク質を作り出すための設計図」と言うことができる（もちろん「設計図」というのは比喩に過ぎず、より正確には「……ATGATGCCATTTGCA……」といった塩基配列からなる情報である）。

ではタンパク質とは何だろうか？　タンパク質と聞いて私たちがすぐに思い浮かべるのは、私たちの体の一部である筋肉だろう。が、実は筋肉は様々なタンパク質の一種に過ぎない。もっと一般的には、タンパク質とは「私たちの体の各部を作ったり、それらを正常に機能させて生命を維持するために必要な各種の高分子化合物」である。

たとえば筋肉を作る「アクチン」や「ミオシン」、体内の化学反応を促進する「ポリメラーゼ」や「ヌクレアーゼ」など各種酵素、あるいは血液中で酸素を運ぶ「ヘモグロビン」、さらには私たちの体を守る「免疫グロブリン」など、数え切れないほど多彩なタン

生物	遺伝子の総数	染色体の総数	ゲノムのサイズ (bps)
ヒト	2万1000	46	32億
チンパンジー	2万1000	48	27億
マウス	2万4000	40	26億
線虫	1万9000	12	9700万
ショウジョウバエ	1万5000	8	1億4000万
稲（米）	3万7000	12	3億9000万
大腸菌	3200	1	460万

【表1】様々な生物が持つ遺伝子や染色体の総数、ゲノムのサイズ（染色体を除き、いずれもだいたいの数）

出典：Introduction to Human Behavioral Genetics, Coursera, by Matt McGue, University of Minnesota

パク質が私たちの体内で活躍している。これらタンパク質によって私たちは人間として形作られ、生きていくことができるわけだが、一方でそうしたタンパク質によって、私たちは親から受け継いだ様々な形質を実現していると見ることもできる。だからこそ「遺伝子とはタンパク質を作る設計図」と言えるのだ。

これら各々のタンパク質は、全部で20種類あるアミノ酸を直鎖状に結合させて作り出される。そこにおけるアミノ酸のつながり方、つまり配列（一次構造）を決めるのが遺伝子である。

我々ヒトの場合、全部で約2万1000個（種類）の遺伝子を持っているとされる。ちなみに、マウス（小型ネズミ）や植物の一種である稲（米）などは、ヒトよりも多くの遺伝子を持っている（表1）。さらに極めて下等な動物である蝿や線虫

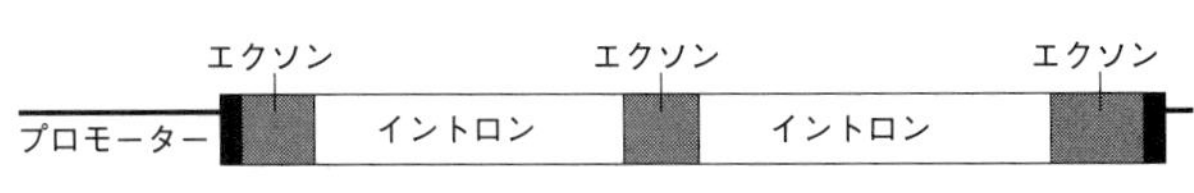

【図7】遺伝子の構造

でも、ヒトよりは少ないが同程度の遺伝子を持っている。つまり、ある生物が持つ遺伝子の数は、その生物が高等、あるいは下等であるかとは、ほぼ無関係のようである。

前述の通り、遺伝子には各種タンパク質を作り出すための情報（……ATGCTACGGACG……）が書かれている。ただし、その情報の全てがタンパク質の生成に使われるのではない。図7に遺伝子の模式図を示すが、ここからわかるように遺伝子は基本的に「プロモーター」と呼ばれる調節領域、これに続く「エクソン」と「イントロン」という部分から構成される。これらのうち「プロモーター」についての説明は後に回し、まず「エクソン」と「イントロン」の解説から始めよう。

エクソンとは遺伝子に書かれている全情報（塩基配列）のうち、実際にタンパク質の生成に使われる情報が記されている部分だ。それは「暗号領域（coding region）」とも呼ばれる。エクソンに書かれた「ATGACG……」という塩基配列を一種の暗号と見て、これを解読、あるいは翻訳するような形でタンパク質が生成されていくことから、こう呼ばれるようになった。

このエクソンとは対照的に、イントロンにはタンパク質の生成とは無関係

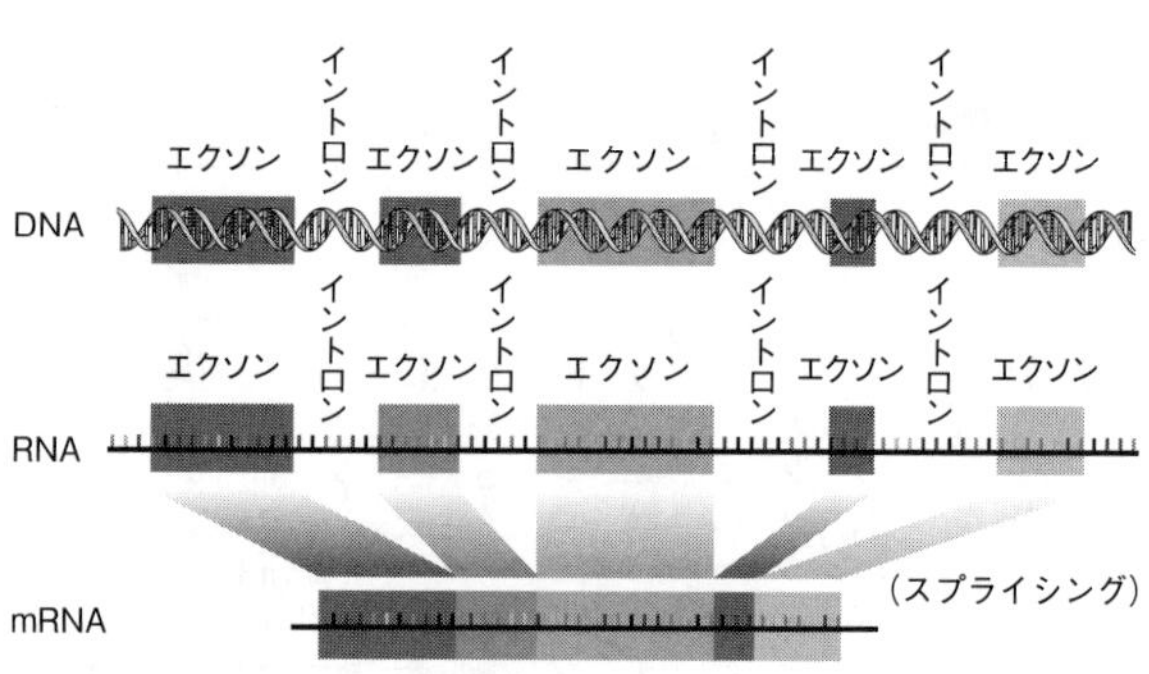

【図8】DNAからmRNAへの転写プロセス

の情報が記されている。こうしたイントロンが何のためについているのか、その理由はよくわかっていない。一つの遺伝子の内部には、これらエクソンとイントロンが交互に何度も現れる。

さて実際に遺伝子からタンパク質が生成されるまでには、2段階のステップ(プロセス)がある。第1段階は「転写(transcription)」と呼ばれるプロセスである。ここでは遺伝子に書かれた全情報(エクソンとイントロン)が、「RNA(リボ核酸)」と呼ばれる中間分子に文字通り転写、つまり書き写される。そして、このRNAから(タンパク質の生成には不要な)イントロンの部分だけが、きれいさっぱり除去されて、エクソンの部分だけがつながって残る(図8)。

その結果、でき上がるものが「メッセンジャーRNA(mRNA)」である。ただし、その際に若干ややこしいことが起きる。それはDNAに書かれていたA、T、

G、Cの4種類の塩基のうち、Tだけが転写プロセスで「U（ウラシル）」と呼ばれる別の塩基へと交換されるのだ。たとえばDNAにおける「ATTCGCAT」という塩基配列は、転写先のmRNAでは「AUUCGCAU」という塩基配列になる。以上のような転写プロセスは、細胞の一部である「核」の内部で行われる。

タンパク質生成のための第2段階は、「翻訳（translation）」と呼ばれるプロセスである。このプロセスでは、先程のmRNAが核の外に出て、細胞内にある「リボソーム」という小器官まで移動し、ここで実際に「翻訳」が行われる。この「翻訳」とは、遺伝子からmRNAへと転写されたエクソン情報（塩基配列）を一種の暗号に見立て、これをリボソームが解読（翻訳）してタンパク質を生成していくプロセスである。

このプロセスは、塩基3文字が（タンパク質の構成分子となる）アミノ酸1種類に対応するように翻訳される。この対応関係を示したものが表2である。この表を見ると、たとえば「AAU」という塩基配列が「アスパラギン（N）」というアミノ酸に対応する。同様に「GGU」が「グリシン（G）」、「CGC」が「アルギニン（R）」……などと、次々に翻訳していくことができる。

前述のリボソームでは、こうした対応関係（表2）に従って、mRNAに書かれた暗号（塩基配列）を翻訳しながらアミノ酸をつなげていく。具体的には先程の「AAUGGUC

2番目の塩基

1番目の塩基	U	C	A	G	3番目の塩基
U	UUU UUC フェニルアラニン F UUA UUG ロイシン L	UCU UCC UCA UCG セリン S	UAU UAC チロシン Y UAA 翻訳終止 UAG 翻訳終止	UGU UGC システイン C UGA 翻訳終止 UGG トリプトファン W	U C A G
C	CUU CUC CUA CUG ロイシン L	CCU CCC CCA CCG プロリン P	CAU CAC ヒスチジン H CAA CAG グルタミン Q	CGU CGC CGA CGG アルギニン R	U C A G
A	AUU AUC AUA イソロイシン I AUG メチオニン M 翻訳開始	ACU ACC ACA ACG スレオニン T	AAU AAC アスパラギン N AAA AAG リシン K	AGU AGC セリン S AGA AGG アルギニン R	U C A G
G	GUU GUC GUA GUG バリン V	GCU GCC GCA GCG アラニン A	GAU GAC アスパラギン酸 D GAA GAG グルタミン酸 E	GGU GGC GGA GGG グリシン G	U C A G

【表2】mRNAに記された塩基配列を、タンパク質を構成するアミノ酸へと翻訳する対応関係

GC……」という塩基配列が「NGR……」というアミノ酸配列へと翻訳、つまり変換される。この結果として生成されるのが、アミノ酸を多数つなげた配列、あるいは一次構造と呼ばれる鎖のようなものだ。

ただし、これだけではタンパク質とは呼べない。実際のタンパク質は、この鎖のような一次構造が複雑に絡み合った立体構造（3次元構造）をしている。しかし、この立体構造はアミノ酸の鎖の電気的な性質などによって自然に形成されるので、実際にはアミノ酸配列の一次構造が決まった段階で3次元構造も決まってしまう。従って結局は、遺伝子に書かれた情報が（立体構造まで含めて）タンパク質を決定すると言ってよい。以上のように遺伝子を基にして、各種タンパク質が生成され

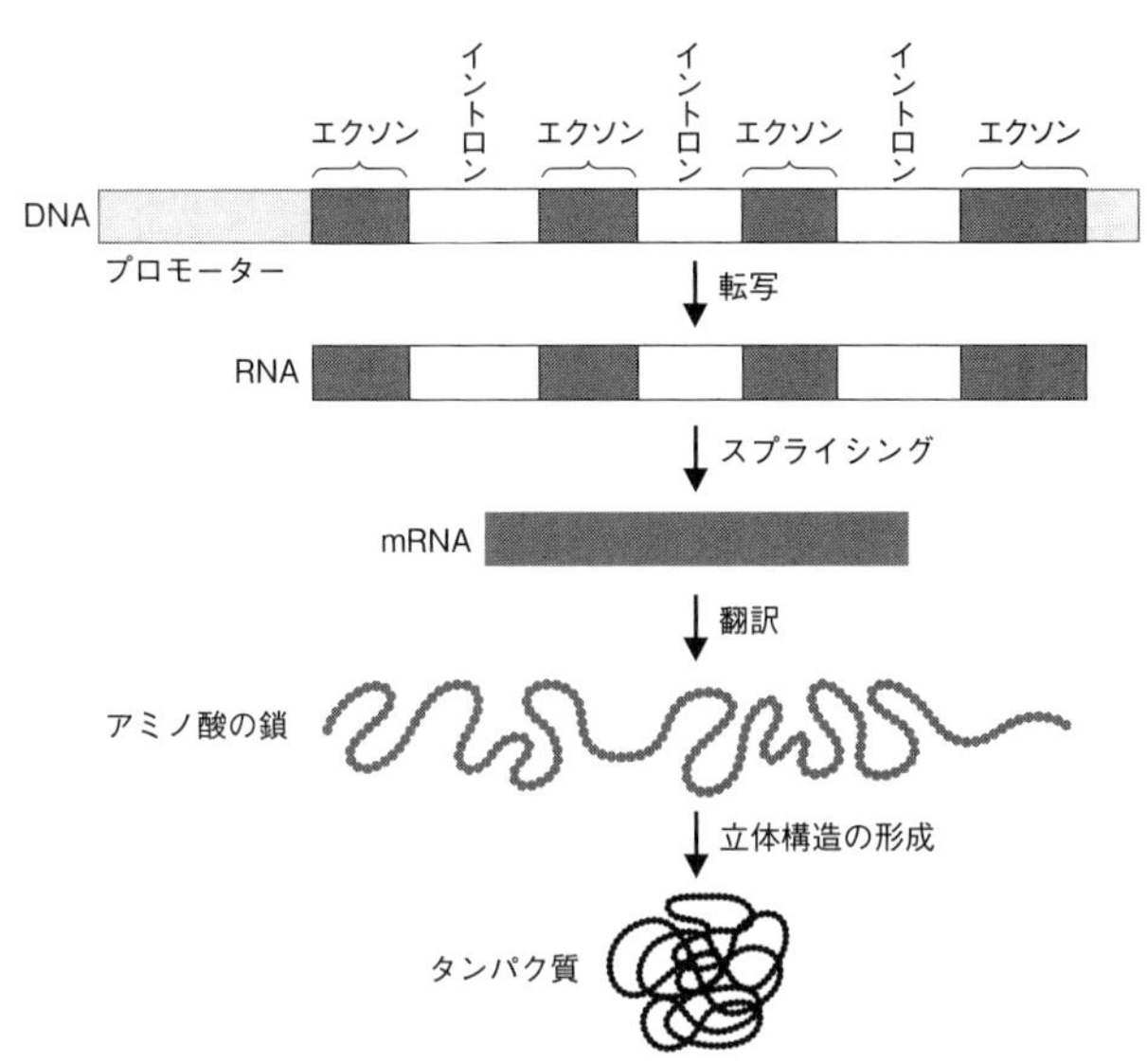

【図9】分子生物学のセントラル・ドグマ（DNA→mRNA→タンパク質）
出典：2008 Encyclopædia Britannica

ることを「遺伝子の発現」という。

表2に書かれた3文字の塩基配列とアミノ酸の対応関係は、一般に「トリプレット・コドン（三つ組コドン）」と呼ばれる。こうした対応関係に最初に関心を示して、遺伝子からタンパク質を占う一種の暗号解読に取り組んだのが、「宇宙のビッグバン理論」で有名なロシア出身の物理学者ジョージ・ガモフだ。彼をはじめ数名の科学者が実験や研究を行い、何年もかけてトリプレット・コドンを示す対応表を作成していった。

以上、DNAからmRNAへと

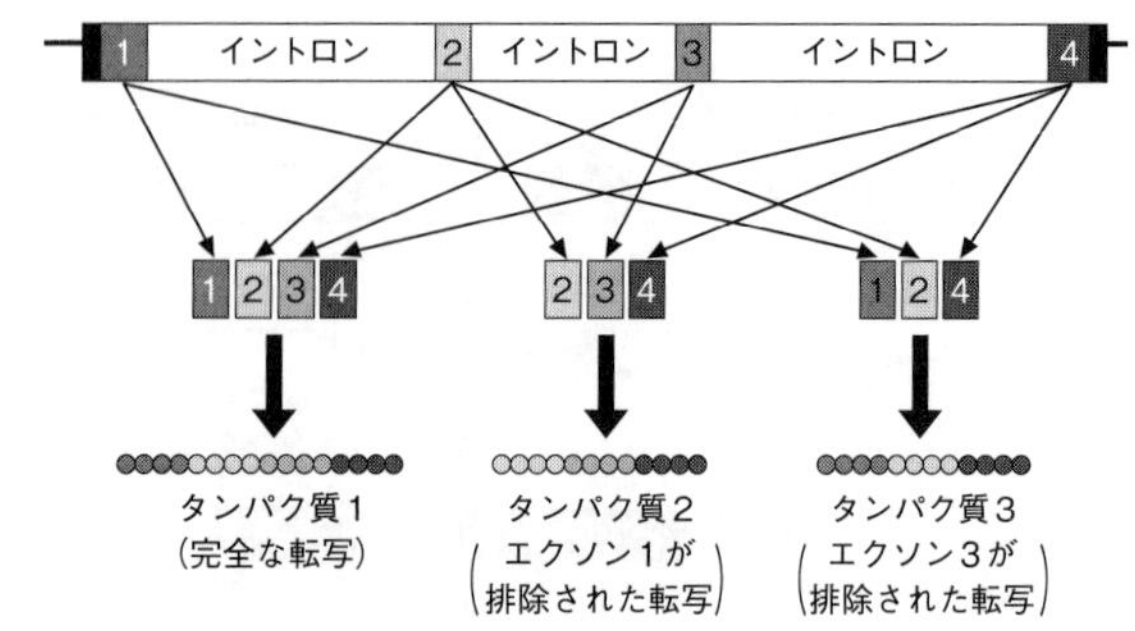

【図10】選択的スプライシング

出典：Genomic and Precision Medicine, Coursera, by Jeanette McCarthy et al., University of California, San Francisco, Division of Medical Genetics

遺伝子が転写され、それに従ってリボソームでタンパク質が生成される一連のプロセスは、一般に「分子生物学のセントラル・ドグマ」（図9）と呼ばれる。この理論は、ジェームズ・ワトソンと共に「DNAの二重らせん構造」を発見したフランシス・クリックが、1958年に提唱したものだ。

このセントラル・ドグマは、その後、微調整が図られた。当初は1種類の遺伝子が、1種類のタンパク質に対応していると考えられていた。が、その後の研究によって、そうではないことが証明された。

これを示したのが図10である。この図に示された遺伝子には（一例として）4つのエクソンが含まれている。以前は、これら4つのエクソンが全てmRNAに転写されると考えられていた。ところが実際には、そのうちの最初のもの（エクソン1）が外れたり、途中のもの（エクソン3）が外れたりするなど、様々な転写プロセスが起きていた。結果、たった一つの遺伝子からいくつものタンパク質が生成されることが判明した。これを「選択的スプライシング」という。

少し前に「人間（のDNA）には約2万1000種類の遺伝子がある」と紹介した。そこで、もしも1種類の遺伝子が1種類のタンパク質に対応しているなら、人間の体内には約2万1000種類のタンパク質しか存在しないはずだ。が、実際には、この選択的スプライシングによって、10万種類以上のタンパク質が人間の体内で生成されている。

最後に、前掲の図7に示した遺伝子の構造図の中で、「プロモーター」の果たす役割を見ていこう。プロモーターは「調節領域」の一部であり、文字通り「各遺伝子の発現を調節する」役割を果たしている。

この必要性は、ちょっと考えてみるとすぐわかる。私たち人間の体は約60兆個もの細胞からできている。そして、（ごくごく例外的なケースを除いて）基本的には、それら全ての細胞の（核内にある）DNAには、約32億個もの塩基対からなる配列、つまり「ゲノム（全遺伝情報）」が書かれている。当然、そこには約2万1000種類の遺伝子も含まれる。

仮に、これら遺伝子の全てがランダム（無秩序）に発現してしまうとすれば、受精卵が分化して皮膚や手足、内臓など様々な組織を形作ることができない。また一旦、各々の組織が出来上がった後でも、それらを維持することができない。そこで、これら遺伝子の働

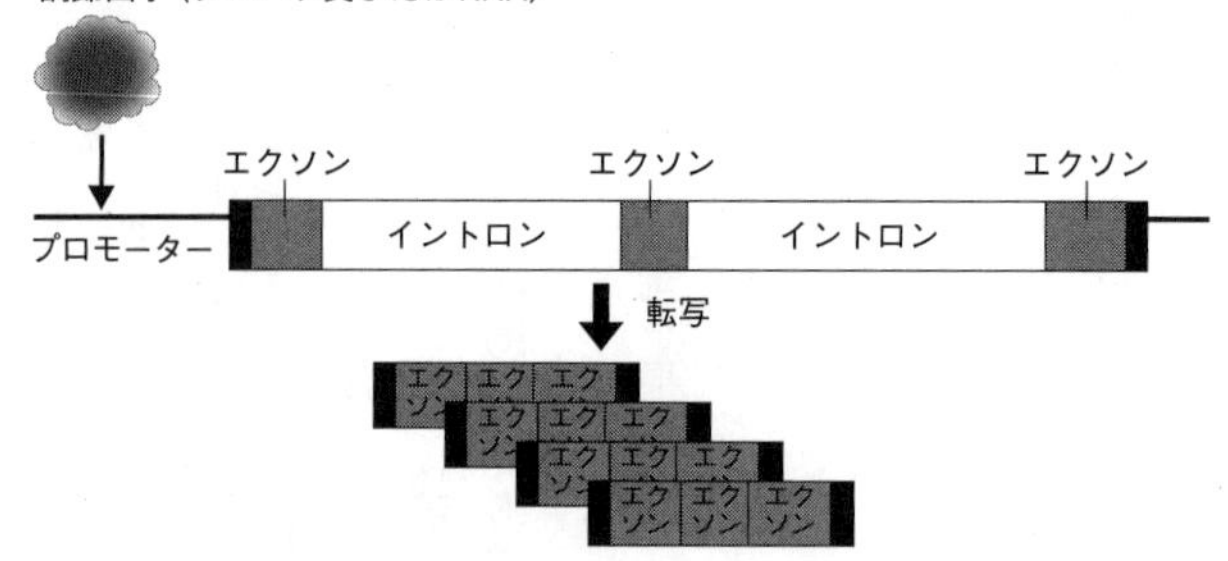

【図11】遺伝子発現の調節メカニズム

出典：Genomic and Precision Medicine, Coursera, by Jeanette McCarthy et al., University of California, San Francisco, Division of Medical Genetics

きをきちんと調節する必要が生じる。

つまり個々の遺伝子は必要なタイミングで、必要な分だけ発現するように調節される。この役割を果たしているのが遺伝子の調節領域で、その一部がプロモーターだ。その仕組みは若干複雑である。各遺伝子の発現は、「調節因子」と呼ばれる特殊なタンパク質ないしはRNAが、プロモーターに結合したり、そこから外れたりすることによって調節される（図11）。

たとえば膵臓ベータ細胞では、インスリンを発現する遺伝子のプロモーターに特定の調節因子が結合することにより、この遺伝子だけが発現する。逆に他の遺伝子（の大部分）は細胞内のDNA上に存在こそすれ、実際には機能が停止状態になる。これによって、膵臓ではインスリンが生成される。あるいは目の網膜細胞では、色素を発現する遺伝子のプロモーターに特定の調節因子が結合することにより、色素が生成される。

つまり人間を構成する約60兆個の細胞の各々には全ての遺伝子が含まれてはいるものの、個々の組織を形成する細胞は緻密な調節機構に従うことにより、その組織に必要な遺伝子だけが発現する。これによって私たちの身体は正常に形成され、その後も維持されていくのだ。

SNP（SNV）：最も小規模なDNAの変異

以上のようなDNAは私たち人間、ひいては生物全体の多様性を生み出す源でもある。しかし、この分野に多少関心のある人なら、よくご存じのように、異なる生物のDNA、つまり塩基配列を比べてみると、意外なほど共通していることに驚かされる。実際、人間のDNAを構成するゲノム（全塩基配列）の約5パーセントは、あらゆる生物に共通している。つまり線虫や蠅、マウスのような下等動物でも猿やヒトのような高等動物でも、その5パーセントの部分は全く同じなのである。

また種が近くなるとDNAの共通性は著しく高まる。たとえば同じ霊長類であるチンパンジーとヒトでは、そのゲノムの98パーセント以上は共通している。さらに同じ種、つまりヒトであれば、全く異なる人種、赤の他人同士であっても、それらのゲノムの約99・9パーセントは共通している。逆に言えば、個人のゲノムの違いはわずか0・1パーセントでしかない。

しかしヒトのＤＮＡには約32億個もの塩基対が存在することを考えると、その０・１パーセントは約３２０万個に相当する。このように絶対数を見ると、私たち人間のＤＮＡには実に多くの違いがあると考えることもできる。

これら塩基配列の違いは、ＤＮＡあるいはゲノムの「変異（variation）」とも呼ばれる。変異は、その規模と出現頻度に応じていくつかの種類に分けられる。

最も小規模、かつ最も頻繁に起きる変異は、「ＳＮＰ（スニップ）」または「ＳＮＶ」と呼ばれる現象である。後述するように、ＳＮＰとＳＮＶは非常によく似た現象だが、厳密には異なる。

まずＳＮＰは「Single Nucleotide Polymorphism」の略で、日本語では「一塩基多型」と訳されている。が、この訳では、専門家以外の一般人には、よく意味がわからないだろう。もっとわかりやすく言うと、私たちのゲノム（ＤＮＡ）を構成する32億個の塩基対のうち、特定の場所（遺伝学の専門用語では「遺伝子座〈locus〉」と呼ばれる）にある塩基が人によって異なることだ（図12）。

図12に示された事例では、ＤＮＡに書かれたゲノム（全塩基配列）の特定の場所が、ある人ではＣ、ある人ではＧ、ある人ではＴになっている。これがＳＮＰと呼ばれる現象だ。

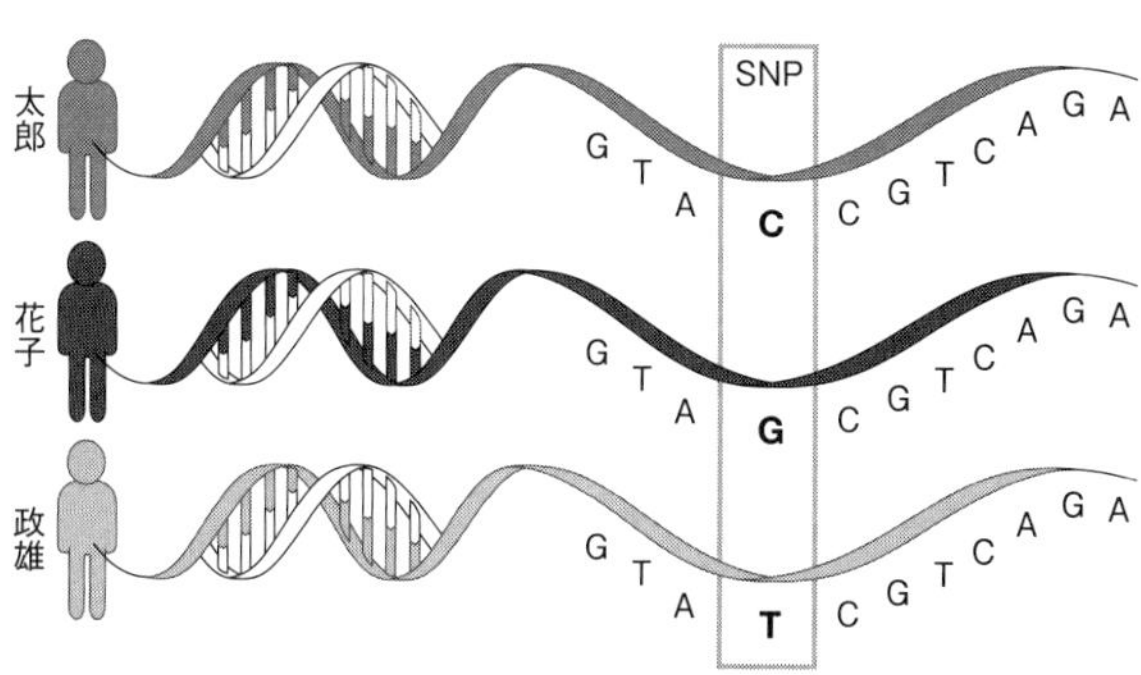

【図12】SNP（一塩基多型）

1990年から2003年にかけて実施された世界的なDNA解析プロジェクト「ヒト・ゲノム計画（Human Genome Project）」などによって、これまで1000万ヵ所以上のSNPが発見されている。

ただし個々の人間を見た場合、人間一人当たり、平均して約370万ヵ所のSNPを持っていると言われる。SNPは遺伝子、特にタンパク質の発現に関わるエクソン（暗号領域）や発現を調節するプロモーターなどに発生する場合もあれば、それ以外の領域に発生する場合もある。SNPの大半は後者だが、その場合、SNPによる違いが人間の形質（表現型）として現れないケースが多い。逆に、エクソンやプロモーター上のSNPは、私たちの形質、つまり心身的な差異をもたらすケースが多い。

たとえば上戸（じょうご）か、下戸（げこ）か、つまりお酒が飲めるか、飲めないか、という体質の違いを引き起こしているのは、

12番染色体にある「ALDH2遺伝子」のSNPだ。酒、つまりアルコール（化学的な呼称はエタノール）はヒトの体内で2段階にわたって分解される。第1段階では、アルコールから毒性の強いアセトアルデヒドへと分解される。第2段階では、アセトアルデヒドから毒性のない酢酸に分解される。

このうち第2段階の分解を引き起こす酵素（タンパク質の一種）を発現する遺伝子が、ALDH2だ。ALDH2には、その塩基配列中の1塩基がG（グアニン）あるいはA（アデニン）となる2種類のSNPが存在するが、このうちAの方では酵素の働きが失われる。このSNPを両親から受け継いで2つ持つ人が、もしも酒を飲むと、体内に毒性の強いアセトアルデヒドが残ってしまい、気分が悪くなり強烈な吐き気などに襲われる。こうなると酒が飲めないし、そもそも全然飲みたいとは思わない。

また、このSNPを片親から受け継いで1つだけ持つ人は、酒を飲めば飲めないこともないが、すぐに顔や体が赤くなるし、それほど飲みたいとも思わない。いわゆる「御付き合い」程度に飲む人である。特に日本人などアジア系の人種で、こうしたSNPを持つ人が多い。アジア系の人種が欧米系に比べ、酒に弱い人が多いのはこのためだ。

この種のSNPは非常に多く知られており、本章の冒頭で紹介した23andMeなど、インターネットで結果を返してくる遺伝子検査サービスが判定材料にしているのも、主にこれらＳＮＰである。

ＳＮＰは、ＤＮＡの突然変異としてランダムに出現する。突然変異は主に、私たちの体を構成する60兆個の細胞が、細胞分裂する際に引き起こされる。あるいは皮膚が日光の紫外線を浴びるなど、私たちの身体と自然環境との相互作用で引き起こされる場合もある。

これら突然変異の大半は、私たちの身体を構成する様々な器官や内臓、あるいは皮膚などの体細胞で起きる。それは最悪の場合、細胞の異常増殖、つまりがんを引き起こす恐れもある。しかし体細胞のＤＮＡに発生した突然変異は、子孫に引き継がれることはない。

一方で突然変異が、精子や卵子など生殖細胞で起きることもある。その場合、この突然変異は子孫のＤＮＡへと引き継がれる。その数は意外に多く、新生児一人当たり、平均で50〜１００個の突然変異を持って生まれてくる。この突然変異が環境に適合すれば、子孫は生存することができる。

これが代々繰り返されると、やがて、この突然変異を持った子孫の数が増加する。彼らが全人口に占める比率が１パーセントを超えたとき、この突然変異はＳＮＰと呼ばれるようになる。逆に１パーセント以下のとき、それは厳密にはＳＮＰではなく、（前述の）「ＳＮＶ（Single Nucleotide Variant）」と呼ばれる。しかし遺伝学者や研究医など専門家を除けば、私たちのような一般人にとってSNPとSNVはほぼ同義と見ていいだろう。

より大規模な変異

SNP（SNV）より大規模な変異は「CNV（Copy Number Variant）」と呼ばれる。CNVとは、通常のDNAから、まとまった分量の塩基配列が抜け落ちたり、逆に重複したりする現象である。その分量は様々だが、平均すると数千～数十万個の塩基対とされる。

この程度のCNVであれば、全人口の65～80パーセントにあたる人たちが、自分のDNA内に少なくとも1ヵ所程度は有していると言われる。

一方で数百万個にも及ぶ塩基配列がごっそり抜け落ちたり、重複するケースもあり、そうした大規模なCNVは当然、重大な病気を引き起こす可能性が高い。が、こうした深刻なCNVを抱える人の数は全人口の1パーセント以下と少ない。

CNVより、さらに大規模な変異は「転座（translocation）」と呼ばれる。これは異なる染色体の間で、ある部分とある部分が入れ替わってしまう現象だ。たとえば図13では4番染色体の下半分と20番染色体の末端部分が交換されている。この現象が転座である。

転座は細胞分裂の際にランダムに起きることが多い。が、他方で、私たちがたとえばX線など放射線を浴びると染色体が分断され、それが体内の修復機構によって再接続される

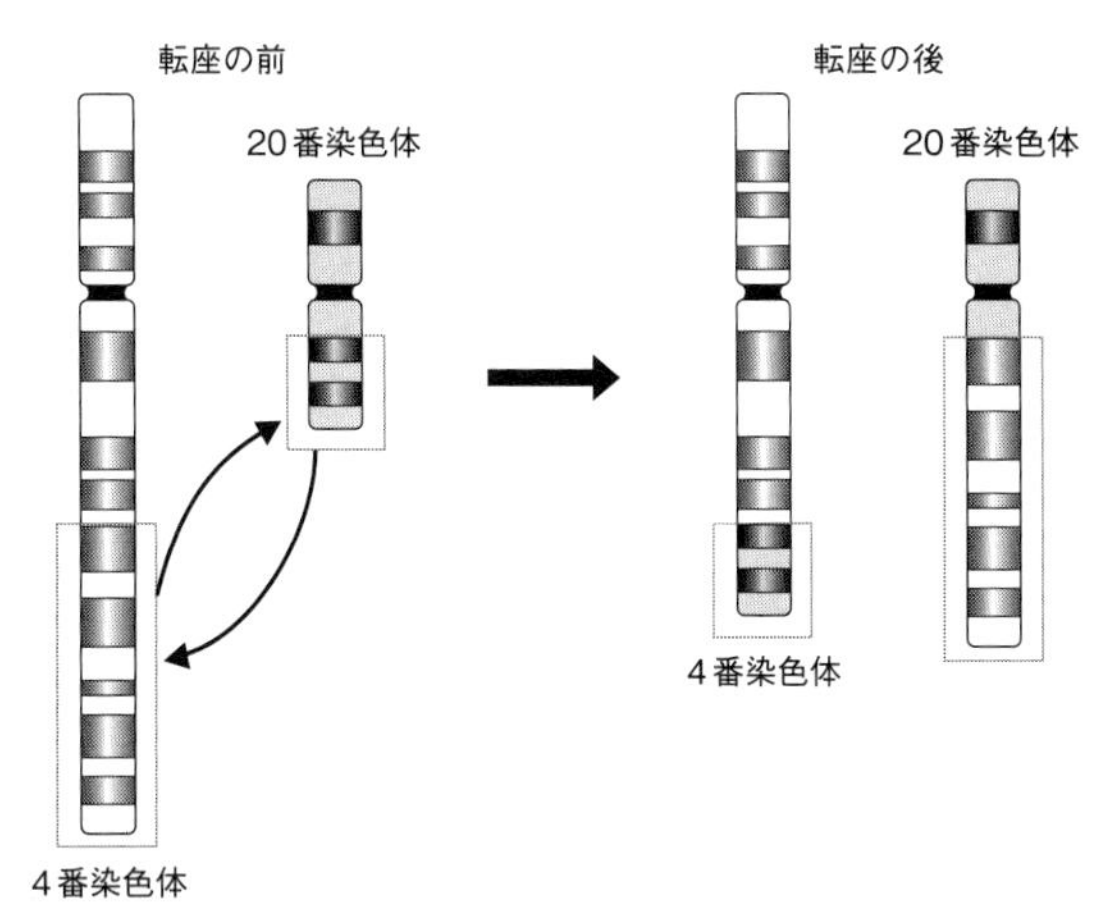

【図13】染色体の転座
出典：Lyon's Den (smabiology. blogspot. jp), Thursday, November 27, 2008

ときに、誤って別の染色体とつながることで転座が起きる、といったケースもある。転座はかなり大規模な変異だが、全体のＤＮＡ量は変わらないので、その人の健康に何ら影響を与えないこともある。

しかしたまたま、転座の境界線が何らかの遺伝子にかかっていると、この遺伝子が分断されることになるので、その場合には何らかの病気を引き起こす可能性が高い。ただし、一般に転座が起きる確率は、前述のＣＮＶが起きる確率より、さらに小さい。

転座は、生物の進化でも重要な役割を果たしてきた。特に有名なケースは、私たち人類が誕生した経緯だ。同じ霊長類でも、チンパンジーやゴリラなどは24対（48本）の染色体を有しているのに対し、我々人類は23対（46

本）しか持っていない。この理由が転座にある。つまり人間が持っている2番染色体は、チンパンジーらが持っている、ある2種類の染色体（いずれもヒトの2番染色体の半分位の長さ）が合体（転座の一種）することによって生まれたと考えられている。これが人類の誕生を促したのである。

最後に、最も大規模なDNAの変異は、染色体の「異数性（aneuploidy）」と呼ばれる現象である。これは文字通り、染色体の数が通常と違ってしまうことだ。たとえば通常、ペアで2本あるべき染色体が1本になってしまう現象は「モノソミー」、逆に1本増えて3本になってしまう現象は「トリソミー」と呼ばれる。さらに染色体が4本になる「テトラソミー」、5本になる「ペンタソミー」などもある。

中でも最もよく知られているのが21番染色体のトリソミーで、これがダウン症候群を引き起こす原因となっている。他にも13番染色体のトリソミーによる知的障害「パトウ症候群」や18番染色体のトリソミーによる成長障害「エドワーズ症候群」、さらには性染色体のトリソミーによる「クラインフェルター症候群」や同モノソミーによる「ターナー症候群」などが知られている。

これら異数性は、精子や卵子など生殖細胞が減数分裂する際に、染色体が正常に分離できなかったことによって引き起こされる。異数性が発生する確率は、前述のSNPやCNVなどに比べれば非常に小さい。たとえば20代の女性が出産する場合、新生児が染色体異常（主に異数性）を発生する確率は約500人に一人、35歳では約200人に一人とされる。

行動遺伝学から明らかになったこと

さて、以上のようなDNAの変異は、軽重様々な病を引き起こす要因であると同時に、私たち一人一人のパーソナリティ（体型、体質、性格、知能……）を生み出す源でもある。もちろん「異数性（染色体異常）」など大規模なDNAの変異であれば、それは人の健康に甚大な影響を与え、死に至らしめるケースも少なくない。しかし私たちの誰もが数多く抱えているSNP、つまり「1塩基の変異」であれば、それは多くの場合、（もちろん病気の原因になることもあるが）私たちの個性の源泉とも見ることができる。

では、それらSNPをはじめとするDNA（ゲノム）の変異、つまり遺伝的な要因と、様々な病気あるいはパーソナリティとの相関関係は、どこまで具体的にわかっているのだろうか？　DNAが分子生物学や遺伝学の表舞台に登場する1950年代の前まで、人間の病気や個性に遺伝的要因が占める影響は、「行動遺伝学（behavioral genetics）」と呼ばれる分野の研究によって明らかにされてきた。

19世紀に活躍した英国の人類学者フランシス・ゴールトン（進化論で有名なチャールズ・ダーウィンの従弟）らの研究に端を発する行動遺伝学は、人間の「知性」や「性格」などに代表される各種の個性が、遺伝的要因によって、どの程度まで、そしてどのように育まれるかを明らかにする学問だ。しかし、この分野の研究は１９２０～１９３０年頃、ドイツのナチズムに象徴される優生学（遺伝的に優れた民族だけが生存すべきとする考え方）と同一視されることにより、第二次世界大戦後の１９４０年代後半～１９５０年代には「人種差別的で非人道的」などの理由から急速に廃れた。だが１９８０年代から１９９０年代にかけて、再び研究の勢いを盛り返してきた。

従来の行動遺伝学は、「双子研究」や「養子研究」などと呼ばれる伝統的な調査手法に立脚してきた。双子研究では、何組にも上る一卵性双生児と二卵性双生児の人生を長期間にわたって分析する（リアルタイムの観察はなかなか難しいので、過去の記録や聞き取り調査などの分析に頼ることが多い）。一卵性双生児は二卵性双生児よりも2倍も遺伝的に等しいので、両者のパーソナリティや病歴などを比較すれば、それらに占める遺伝的要因の影響度が浮かび上がってくる。

あるいは養子研究では、一卵性双生児のうちの片方の子供が養子縁組に出されたケース

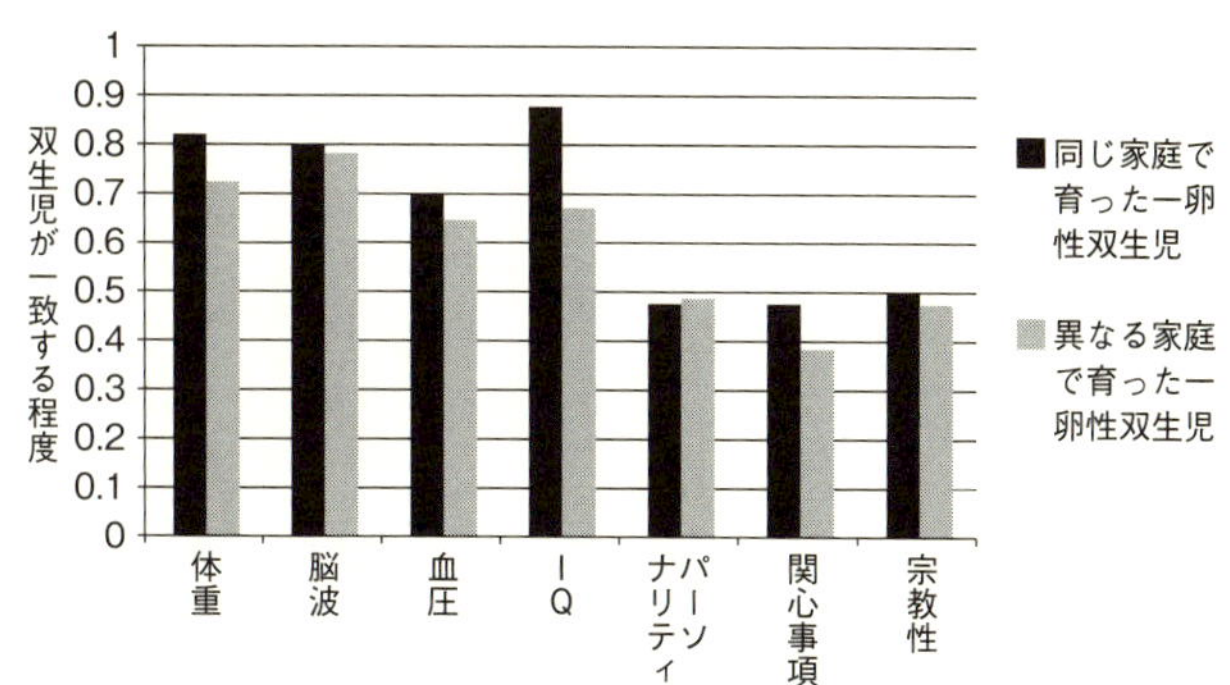

【図14】一卵性双生児は、育った家庭環境の影響を受けるか
出典：Minnesota Study of Twins Reared Apart, T Bouchard, et al., 1990, Science

を多数探してきて、この2人の人生を長期にわたって分析する。この場合、遺伝的には全く同一の子供が異なる環境で成長することから、各種のパーソナリティや病気などが、どの程度まで遺伝的要因、あるいは逆に環境的要因の影響を受けているかがわかる（図14）。

こうした研究から明らかになったのは、私たち人間の各種パーソナリティ、あるいは統合失調症やアルツハイマー病のような精神疾患などは、遺伝的な要因に強く影響されているということだった。もちろん環境的要因の影響もないわけではないが、圧倒的に大きいのは遺伝的要因であることが明らかになった。

そうした中には「身長」など、素人でも容易に「遺伝の影響であろう」と想像がつく要素もある。一方で「宗教性（信心深さ）」など一見意外な要素でさえ、実は遺伝的要因に強く左右されている。またＩＱのような「知能」については、遺伝的要因の影響がかなり大きいが、ある程度まで「子供が育てられた家庭環境や教育」など環境的要因の影響も受けていることがわかった。

現代的なＤＮＡ科学と融合

ただし、こうした伝統的な研究手法だけでは限界がある。そこで分子生物学をベースとする現代的なＤＮＡ科学も遺伝学に導入され始めた。まず１９８０年代から１９９０年代にかけて、世界の遺伝学者たちは「ポジショナル・クローニング」という手法により、いわゆる「メンデル性疾患」の原因となる遺伝子変異を次々と発見していった。

メンデル性疾患とは近代遺伝学の基礎を築いたグレゴール・メンデルにちなんでつけられた名前で、彼が確立した遺伝法則に従って発症する病気であることから、こう呼ばれるようになった。メンデル性疾患は別名「単一遺伝子疾患」とも呼ばれ、文字通り、たった１個（１ヵ所）の遺伝子変異が引き起こす病気である。メンデル性疾患は希少疾患、つまり人口当たりの発症率が低い病気であることが多い。

メンデル性疾患には、たとえばアフリカ大陸で発生することの多い「鎌状赤血球貧血」、あるいはユダヤ人の中でも「アシュケナジー」と呼ばれる人たちが発症しやすい

「嚢胞性線維症」や「テイ・サックス病」をはじめ、約7600種類が知られており、そのうち約4000種類で病気を引き起こす遺伝子変異が特定されている。これら遺伝子変異の（全てではないが）多くがSNP、つまりDNA上の特定の場所（遺伝子座）における極めて小規模な塩基配列の変異である。

これらの遺伝子変異を発見するために使われたポジショナル・クローニング法では、まず遺伝学者らの長年の経験に基づき、「ある病気を引き起こす遺伝子（の変異）は、（23対ある染色体のうち）この染色体にありそうだ」と当たりをつける。そこから染色体上の遺伝子、さらに遺伝子上のSNPへと段階的に変異のある場所を絞り込んでいく手法だ。つまり最初から病気を引き起こす遺伝子の候補を選定し、そこから探していく手法なので、「候補遺伝子法（candidate gene approach）」とも呼ばれている。

このポジショナル・クローニングという手法が本格的に使われ出したのは1980年代終盤だが、早くも1990年代初頭には、この手法によって約200種類ものメンデル性疾患の原因遺伝子（遺伝子変異）が特定された。そこで遺伝学者たちは、ポジショナル・クローニングをメンデル性疾患以外の病気、たとえば「がん」や「心臓病」、あるいは「統合失調症」などに応用しようと考えた。

これらの病気はいずれもメンデル性疾患に比べて、人口当たりの発症率が高い。またメンデル性疾患の多くが、たった1個の遺伝子変異（主にＳＮＰ）によって引き起こされるのに対し、これらの病気には多数のＳＮＰ、あるいは（ＣＮＶなど）他の種類のＤＮＡ変異や環境要因などが複雑に絡み合って発症すると考えられている。しかしポジショナル・クローニングがメンデル性疾患の原因遺伝子を見つける際に、あまりにも効果を発揮したので、「この手法は他の病気にも使えるはずだ」と遺伝学者たちは考えたのである。

１９９０年代中盤から２００７年にかけて、米国で統合失調症の原因となる遺伝子変異（ＳＮＰ）を特定するための大規模な調査研究が行われた。この調査では、米国とオーストラリア出身の１８７０人の統合失調症患者と米国出身の２００２人の対照群（統合失調症ではない人）から得られたデータを比較することから、あらかじめ14種類の候補遺伝子が選定された。これに対しポジショナル・クローニング法を適用したが、統計的に有意な最終結果は得られなかった。つまり、この病気を引き起こす遺伝子変異は特定されなかったのである（“No significant association of 14 candidate genes with schizophrenia in a large European ancestry sample: Implications for psychiatric genetics,” Sanders et al., pp. 497-506, THE AMERICAN JOURNAL OF PSYCHIATRY, April 2008, Volume 165, Number 4）。

同じことは統合失調症以外の病気についても言える。たとえばがんや心臓病など、多くの人々が発症する病気に対して、ポジショナル・クローニング法はその原因となる遺伝子変異（SNP）を特定することができない。これらの病気には、多数の遺伝子変異や環境要因が関与しており、これらがあるタイミングに従って、ときに連鎖的に発現することによって発症すると考えられている。こうした複雑な病気に対しては、ポジショナル・クローニングはほとんど役に立たなかった。

その主な理由は2つ考えられる。一つは調査対象となった被験者の数、あるいはデータ量が不十分であったこと。もう一つは、あらかじめ選び出した候補遺伝子が（恐らくデータ量が不十分であったことも相まって）そもそも間違っていたということだ。

新しい調査手法、GWASとは何か？

それまで頼ってきたポジショナル・クローニング法は、多数の遺伝子が関与すると見られる複雑な病気には通用しないことが明らかになり、遺伝学者たちの多くは失望した。特に統合失調症の原因となる遺伝子変異（SNP）を見つけるための研究は10年以上もの歳月をかけて行われただけに、それが失敗したことに対する関係者の落胆は大きかった。

しかし、この研究が終了した2008年頃から、従来とは全く異なるアプローチが試され始めた。それは「GWAS（Genome Wide Association Study：全ゲノム関連解析）」と呼ばれる画期的な手法だ。

従来のポジショナル・クローニングでは、科学者があらかじめ病気の原因となるSNPの候補をいくつか選んだ上で、そこから本当の原因であるSNPを段階的に絞り込んでいく。これに対し新たなGWASでは、患者のゲノム全体を無差別に解析し、原因となるSNPをあぶり出していく。つまり最初から先入観なしに、DNAに含まれる全ての塩基配列を網羅的に検査していくのである。

これが可能になったのは、今世紀に入ってから急速に発達した遺伝子検査技術、特に「DNAマイクロアレイ」、あるいは「DNAチップ」などと呼ばれる新たな分析装置の登場によるところが大きい。DNAチップは、数万〜数十万個の区画に区切られたスライド・ガラス、あるいはシリコン基板上に多数のDNA断片を高密度に配置したもの。DNAチップのサイズは、縦横7×3センチメートルくらい。

DNAチップの動作原理はこうだ――チップ上に高密度に敷き詰められたDNA断片は別名「プローブ（探針）」とも呼ばれ、文字通り、検査対象となるDNA（ゲノム）のSNPを探り当てるために使われる。ここで「検査対象」となるのは、何らかの病気を発症した患者から採取したDNAだ（これは検体DNAと呼ばれる）。

チップ上に置かれた検体DNAは、それが遺伝子として発現した個所でのみ、プローブDNAと相補的に反応する仕組みになっている。検体DNAはあらかじめ蛍光標識されているので、プローブDNAと反応した場合は、赤から緑色の範囲内で光る。その蛍光色における、赤と緑の混合比率を見ることにより、（ある病気において）どのような遺伝子変異（SNP）が、どの程度発現しているかがわかる。

GWASの威力と限界

このようなDNAチップによるGWASでは、検査対象となるサンプル、つまり患者の数が多ければ多いほど、より良い調査結果が得られる。

たとえば統合失調症に対する、初めてのGWAS調査結果が発表されたのは2009年だ。このときは約3000人の患者と約3500人の対照群を被験者としてGWASが実施されたが、統計的に有意な結果は得られなかった。つまり統合失調症を引き起こすSNPは一つも見つからなかった。

ところが2013年に、今度は約2万1000人の患者と約3万8000人の対照群で実施されたGWAS調査では22個のSNPが特定された。さらに2014年には約3万8000人の患者と約10万人の対照群で実施され、108個のSNPを特定することができた。

つまり2007年までのポジショナル・クローニング法では歯が立たなかった統合失調

症も、新たなＧＷＡＳという調査手法の登場により、かなりの数の原因遺伝子（ＳＮＰ）を特定するところまでこぎ着けたのである。

が、ここには断り書きがある。過去の双子調査により、統合失調症は50〜70パーセント程度まで遺伝的要因によって引き起こされることがわかっている。ところが、これまでＧＷＡＳによって特定された１０８個のＳＮＰは、その全部を足し合わせても発症要因の５〜７パーセントにしかならないことがわかった。つまり大きな進歩はあったが、それでも統合失調症の全貌を明らかにするには程遠いということだ。

同じことは統合失調症のような病気だけではなく、私たちのパーソナリティ、つまり肉体的あるいは精神的特徴についても言える。たとえば私たちの身長である。ここでも、やはり双子調査により、ヒトの身長は80〜90パーセント程度まで遺伝的要因によって決まることがわかっている。

これに対し、従来のポジショナル・クローニング法では、たとえば「小人症」や「巨人症」など、ある種の特異症状を引き起こすＳＮＰは完全に突き止めていた。ところがノーマルな範囲内における身長の高低、つまり「ある人は背が高く、ある人は背が低い」といった個性的な違いを引き起こすＳＮＰは全く見つけることができなかった。そして、そうした身長を決めるＳＮＰは恐らく、多数存在するであろうと見られていた。

そうした中、やはり２００８年頃からＧＷＡＳによる調査が開始され、回を重ねる度に被験者数を増やしていった。そして２０１４年には、約25万人を対象にＧＷＡＳが実施され、それによって人の身長を左右する６９７個のＳＮＰを見つけることができた。ところが、これら全てを足し合わせても、人の身長を決める遺伝的要因全体の16パーセント程度にしかならないと見られている。

１１７ページの表３、４は、この身長も含め様々な身体的特徴や健康要素、さらには病気について行われたＧＷＡＳ調査の結果を示す。これらから見てとれるように、それらに影響を与えるＳＮＰは数多く発見されている。が、「１型糖尿病」や「黄斑変性症」など一部の例外を除けば、それらＳＮＰが、病気や健康を左右する遺伝的要因全体に占める比率は小さい。

また、これらの表には示されていないが、「乳がん」については、有名なＢＲＣＡ１、２をはじめ13種類以上の遺伝子の変異（ＳＮＰ）が知られているが、それら全てを足し合わせても、乳がんの遺伝的な要因全体の30〜40パーセント程度にしかならない。つまり現時点では、むしろわからないことの方が多いのである。

ＧＷＡＳはまた、ＩＱなど一般的知能（general cognitive ability）の要因となるＳＮＰについては、少なくとも現時点では一つも特定できていない。しかし一方で、学業成績と相関性のあるＳＮＰはすでにいくつか報告されており、いずれはＩＱに関連する（おそらくは非常に多くの）ＳＮＰも徐々に特定されてくると見られている。

以上のようにＧＷＡＳは、それまでのポジショナル・クローニング法では太刀打ちできなかったがんや糖尿病など複雑な病気、さらには各種の健康要素や身体的特徴などの要因となる遺伝子変異（ＳＮＰ）を特定することができた。しかし、それらは遺伝的な要因全体のごく一部に過ぎない。

それでは未知の遺伝的要因として残されている部分は、どうすれば見つけることができるのだろうか？　一つの可能性としては、今後、ＧＷＡＳの調査対象となる被験者数を増やしていけば、より多くのＳＮＰが特定されるとの見方がある。

その一方で、ＧＷＡＳの限界を指摘する声もある。というのも、ＧＷＡＳの調査対象はあくまでもＳＮＰ、つまり１塩基の変異（ないしは、そのコンビネーション）に過ぎないからだ。ゲノムの変異には、ＳＮＰ以外にも「ＣＮＶ」や「転座」など様々な種類がある。仮に、これらが各種の複雑な病気や身体的特徴などの主な要因であれば、少なくとも今のやり方のＧＷＡＳでは見つけることができない。

この問題に対しては、「ＤＮＡシーケンサ」と呼ばれる別種の検査装置の導入が期待さ

要素	被験者数	特定されたSNPの数	それらが遺伝的要因全体に占める比率	遺伝的要因が占める比率
MI（肥満度）	24万9796	32	1.50%	50〜80%
身長	25万3248	697	16%	70〜85%
血清尿酸値	14万9160	26	6.80%	40〜70%
コレステロール値	10万184	95	12.40%	50〜75%
C反応性タンパク	8万2725	18	5%	40〜60%

【表3】これまでGWASで明らかになった健康要素を決めるSNP

出典：Introduction to Human Behavioral Genetics, Coursera, by Matt McGue, University of Minnesota

病　名	特定されたSNPの数	それらが遺伝的要因全体に占める比率
1型糖尿病	41	約60%
黄斑変性症	3	約50%
2型糖尿病	39	20〜25%
クローン病	71	20〜25%

【表4】GWASで明らかになった各種病気を引き起こすSNP

From Lander, E.S., Nature 2011, 470:187-197

出典：Genomic and Precision Medicine, Coursera, by Jeanette McCarthy et al., University of California, San Francisco

れている。これまでのGWASに使われてきた「DNAチップ」ではSNPしか特定できなかったが、「DNAシーケンサ」ではヒトのゲノム（全塩基配列）を端から端まで全て解析することができる。この運用コストが最近、急速に下落している。これは過去と比較すると、よくわかる。

たとえば1990年に米国を中心に開始された「ヒト・ゲノム計画」では、人間一人の全塩基配列を解析するまでに13年の歳月と30億ドル（3000億円前後）もの費用を要した。しかし2014年に米イルミナ社が製品化した最新鋭のDNAシーケンサは、これと同じことを、たった1日、かつ1000ドル（10万円前後）で済ませてしまうとされる。今後、この運用コストがさらに低下すれば、いずれは大規模なGWASにも適用できる。となると、現在のSNP以外のDNA変異も発見できるはずだ。

関心を集めている「エピジェネティクス」

これまでのGWASでは解明できない未知の要因としては、他にも「環境と遺伝子の相互作用」を指摘する声もある。これについて、近年よく耳にするのが、妊娠中に過剰なダイエットをした女性から生まれた子供は、成長していく過程で肥満や生活習慣病になりやすいとされる傾向だ。

これと同様の傾向は実はかなり以前に報告されている。それは第二次世界大戦中のオランダで、極端な食糧不足に苦しんだ女性たちから生まれた子供たちが、成人後、肥満や糖尿病などの発症率が高くなったという調査結果である。

その原因として考えられているのが、遺伝子の転写機構の異常である。本章の前半でも簡単に紹介したが、遺伝子が発現して何らかのタンパク質を生成するためには、その遺伝子のエクソン（暗号領域）がまずmRNAに転写され、さらに各種アミノ酸へと翻訳される必要がある。このうち転写プロセスを制御するのが、遺伝子の一部である「プロモーター」と呼ばれる部分だ。

ところが妊婦が極端なダイエットや飢餓などを経験すると、子宮の内部にいる胎児が（それらの影響による）栄養不足でも生き残るために、普通の栄養状態では発現しない「倹約遺伝子（通称）」のプロモーターから、「メチル基」と呼ばれる転写阻害因子が外れることにより、転写スイッチがオンになってしまう。つまり（栄養状態の良好な日本など先進国では）本来不要な倹約遺伝子が発現することによって、この子供は大人になってから脂肪など栄養分を過度に貯め込んでしまい、肥満になりやすいのである。

ここで注意しなければならないのは、たとえ妊婦が極端なダイエットや飢餓を経験しても、その子供のＤＮＡの塩基配列には何の変化も見られないことである。つまり、子供たちが大人になってから生活習慣病になりやすくなった理由は、たとえば「ＳＮＰ」や「ＣＮＶ」のような塩基配列の変異のせいではなく、むしろ遺伝子の転写機構に起きた異常のためだ。

このように（ＤＮＡの塩基配列の変化ではなく）転写機構の異常などが引き起こす病気や体質の変化を研究する学問領域は、一般に「エピジェネティクス」と呼ばれ、最近の遺伝学の中でも、特に高い関心を集めている。

本章の前半で紹介した映画の一場面で、情報屋の戌亥が闇金ウシジマくんに「たまに無性に焼き鳥が食いたくなるのは、日本人のＤＮＡに、もう焼き鳥が組み込まれてるからだと思わない？」と同意を求めたが、これがもしも「焼き鳥の食い過ぎ」によるＤＮＡの「塩基配列の変異」を意味するなら、答えは恐らくノーだ。しかし、そうした偏食による効果が長年にわたって日本人に蓄積され、それがＤＮＡの転写機構にある種の変化をもたらした、という意味なら、少なくとも質問としては完全にナンセンスとは言い切れないかもしれない（もちろん分子生物学については素人の戌亥が、そこまで専門的に考えているはずもないが）。

さて、以上のように未だ多くの謎は残されてはいるものの、ＧＷＡＳやエピジェネティクスなど最近の研究によって、人の病気や能力、身体的特徴などパーソナリティとＤＮＡ

との関連性が徐々に解明されつつある。ここに「DNAのメス」であるクリスパーを適用すれば、それは良きにつけ悪しきにつけ計り知れないインパクトを人類にもたらすだろう。

これに続く第三章からは、本章で学んだ専門知識を使って、ゲノム編集クリスパーの実像に一層深く切り込んでみよう。そして実際、この技術によって何ができるのか？　私たちの暮らしや社会をどう変えていくのか？

これらを具体的に見ていくことにしよう。

第三章　ゲノム編集の歴史と熾烈な特許争いの舞台裏

——誰が「世紀の発明」を成し遂げたのか

先天的な遺伝性疾患を治すため、（受精卵など、生まれて来る前の段階で）ゲノム編集された赤ちゃんの誕生は「時間の問題。その瞬間は遅くとも10年以内に訪れる」——そう語るのは、（第一章で登場した）クリスパーの共同発明者であるジェニファー・ダウドナ氏だ（"Jennifer Doudna: The Promise and Peril of Gene Editing," Alexandra Wolfe, The Wall Street Journal, March 11, 2016より引用）。

現在、米カリフォルニア大学バークレイ校教授のダウドナ氏は、かなり以前から優秀な分子生物学者として知られていた。1964年生まれの彼女はハワイ出身。熱帯雨林に覆われたハワイ諸島の、美しく、そして、ある意味、特異な自然環境の中で育ったことが、様々な動植物をはじめ生物全般のメカニズムに対する関心を抱く下地になったとされる。

ちなみに彼女の父親はハワイ大学の文学教授、母親もコミュニティ・カレッジ（いわゆる生涯教育などの機会を提供する、地域に根差した高等教育機関）の歴史学講師というから、かなり知的水準の高い家庭に生まれ育ったと言えるだろう。

幼少時代のダウドナ氏は、比較的小柄なポリネシア系民族（ハワイの先住民）の遊び友だちの中で飛びぬけて背が高く、それによって周囲から浮いたような違和感が、後に研究者としての彼女の独立心や精神的強靱さを培う源になったかもしれないという（"Jennifer Doudna, a Pioneer Who Helped Simplify Genome Editing," Andrew Pollack, The New York Times, May 11, 2015より）。

長じてハーバード大学大学院に進学したダウドナ氏は、（後に生物の寿命に関係するテロメア研究でノーベル生理学・医学賞を受賞することになる）ジャック・ショスタク教授の指導を仰ぎ、１９８９年に「触媒ＲＮＡ」の研究で博士号を取得した。これに続く、いわゆる「ポスドク（postdoctoral fellow：一般に研究者が博士号を取得後、大学等での定職を得るまでの任期付き採用期間）」の時代に、ＲＮＡの立体的構造を解明するため「Ｘ線回折法」を独学でマスター。ここで培われた技能や経験が、その後のダウドナ氏の研究者としての最大の強みとなった。

やがて１９９０年代中盤からメキメキと頭角を現したダウドナ氏は、２０００年に米国の優秀な若手研究者に与えられる著名な科学賞を受賞。２００３年にカリフォルニア大学バークレイ校教授に就任する頃には、分子生物学の分野では押しも押されもしない存在になっていた。

クリスパーとの出会い

そんな彼女が（ゲノム編集技術ではなく、バクテリアＤＮＡ上の塩基配列としての）「クリスパー」の存在を初めて知ったのは２００５年のことだった。当時、カリフォルニア大学バークレイ校に勤務していたジル・バンフィールドという微生物学者が、鉄鉱石の鉱山跡地から湧き出す酸性の熱水中に生息するバクテリア（細菌）を研究していた。

このバクテリアのＤＮＡには、「クリスパー」と呼ばれる特殊な塩基配列が存在していた。第一章の冒頭で紹介したように、クリスパーは元々、大阪大学の研究チームが１９８０年代後半に発見したものだ。当初、その働きや仕組みは不明だったが、２００５年頃までには、「クリスパーは、バクテリアなど微生物に備わる原始的な免疫システムではないか」との見方（仮説）が科学者たちの間で生まれていた。

バンフィールド氏もその仮説を支持していた一人だが、それを検証するには、自分一人の力では不十分と感じた。そこで彼女は自分と同じくバークレイ校に勤務する、分子生物学者のダウドナ氏に白羽の矢を立て、共同研究の話を持ちかけた。過去にＸ線解析でＲＮＡの立体構造を解明したダウドナ氏なら、クリスパーの内部構造にまで踏み込んで、そのメカニズムを把握できると考えたからだ。

バンフィールド氏の誘いに応じて、クリスパーの研究に着手したダウドナ氏は「これは自分が今までに取り組んだ研究対象の中で、最も得体の知れないものだ」という印象を抱いた。そんなクリスパーとは一体どのようなものなのか。以下で詳しく見ていこう。

クリスパーとは何か？

「クリスパー（CRISPR）」とは、英語の「Clustered Regularly Interspaced Short Palindromic Repeats」の頭文字からなる略称だ。これをあえて日本語に訳すと、「規則的に間隔を置いた短い回文の反復」となる。ただし、これでは一般読者には何のことやらサッパリわからないと思われるので、もう少し嚙み砕いて説明しよう。

まず「回文（palindrome）」とは、「最初から読んでも、最後から読んでも、文字の並ぶ順番が同じである文字列」のことだ。たとえば世界史に残る最古の回文は、西暦79年に火山の噴火で滅亡した古代ローマ都市の遺跡に刻まれていた「SATOR AREPO TENET OPERA ROTAS（農夫のアレポ氏は馬鋤きを曳いて仕事をする）」というラテン語であるとされる。日本でも、古くから言葉遊びとして「みがかぬかがみ（磨かぬ鏡）」「たけやぶやけた（竹藪焼けた）」などいくつもの回文が伝わっている（ウィキペディアより引用）。

クリスパーの内部にも、この回文が含まれている。ただし、それは第二章で学んだように、DNA（ゲノム）を構成する「アデニン（Adenine）」、「シトシン（Cytosine）」、「グアニン（Guanine）」、「チミン（Thymine）」という4種類の塩基の頭文字であるA、C、G、Tからなる文字列だ。

たとえば1987年に大阪大学の研究チームが発表した論文には、彼らが大腸菌のDN

A上に発見した史上初のクリスパーが紹介されている。その内部には、以下のような塩基配列（文字列）が含まれているが、これが「回文」に該当する文字列である。

TCCCGCTGGCGCGGGGA　——①

しかし、これは本当に回文だろうか？
試しに①を最後から読んでみると、次のようになる。

AGGGGCGCGGTCGCCCT　——②

あれ？　①と②は全然、違う文字列だ。これでは回文じゃない！——そう思われる読者も多かろう。実はクリスパーの内部に現れる回文は、単なる回文ではなく「DNA二重鎖の相補性」に基づく回文なのだ。

第二章で学んだように、DNAは32億塩基にもおよぶ長い2本の塩基配列（鎖）が、相補的に結合した二重らせん構造をしている。ここで相補的とは、AとT、GとCが対応する関係を指す。この関係を使って、①の塩基配列（片方の鎖）と相補的に結合する塩基配列

（もう片方の鎖）を書き出してみると、次のようになる。

AGGGCGACCGCGCCCT ——③

この文字列を最後から読んでみると……

TCCCGCGCCAGCGGGA ——④

ここで①と④の文字列（塩基配列）を見比べると、確かに両者はほぼ同じ文字列である。ただし注意深く、文字列の中間あたりを見てみると、①と④は微妙に異なっていることに気付くが、何しろ自然界の出来事であるから、この程度の誤差は仕方がない。つまり①と④の関係をもって、①の塩基配列はおおむね（一種の）回文と見なすのである。

クリスパーとは、①のように、せいぜい数十文字の短い回文が、一定の間隔（スペーサー）を置いて繰り返し出現する塩基配列を指す。その間隔の部分には、回文とは全く異なる構造の文字列が存在する。これが「規則的に間隔を置いた短い回文の反復（Clustered Regularly Interspaced Short Palindromic Repeats: CRISPR）」という呼称の由来である。

スペーサーに秘められた意味

さて興味深いのは、実は、クリスパー内に繰り返し現れる回文の間に挟まれたスペーサー部分の文字列（塩基配列）である。そこに秘められた重要な意味は、以下のような経緯で明らかになった。

前述のバンフィールド、ダウドナ両氏が共同研究を開始した2005年頃は、実は彼女たちだけでなく、世界中の生命科学者らがクリスパーの基礎研究を進めていた。そうした中に、当時デンマークの食品メーカー「ダニスコ（Danisco）」に勤務するロドルフェ・バランゴウ（Rodolphe Barrangou）という微生物学者がいた。彼を筆頭とするダニスコの研究チームは、同社の主力製品であるチーズやヨーグルトなどの製造に用いられる乳酸菌を、各種病気の原因となるウイルスから守るための研究を進めていた。そして、そのためにクリスパーが有効なのではないか、という仮説を彼らは立てていた。

前述のように、クリスパーとはバクテリア（細菌）のDNA上に存在する特殊な塩基配列である。一般読者の中には、こうした「細菌」と「ウイルス」の違いが判然としない方もおられるかもしれないが、実は両者は全く異なるものである。確かに両方とも、私たちの肉眼では見えないほど微小な存在だが、片や細菌はれっきとした生物であるのに対し、ウイルスの方は複製・増殖能力こそ持つものの、本来生物に備わっているはずの細胞構造を持たない等の理由から、厳密には生物とは見なされない。ウイルスがしばしば「生物と無生物の中間」と言われるのは、そのためだ。

さて我々人類にとってウイルスは様々な病気を引き起こす厄介な敵であるのと同様、実は細菌にとってもウイルスは敵である場合が多い。その典型例が「バクテリオファージ」と呼ばれるウイルスだ。ここで「ファージ」とはギリシャ語で「食う」という意味であり、バクテリオファージとは「バクテリアを食ってしまうもの」という意味だ。

そして実際、このウイルスはバクテリア（細菌）に感染・増殖し、宿主である細菌を溶かして殺してしまう（専門的には「溶菌」と呼ばれる現象）。その様子が、まるでバクテリアを食ってしまうように見えるので、こう呼ばれるようになった。

こうした怖いウイルスからの攻撃に対し、実は細菌の方でも唯々諾々とやられてばかりいるわけではない。つまり細菌はウイルスに反撃するのである。この反撃能力は細菌の持つ「免疫」、より厳密には「適応免疫系」と呼ばれるシステムだ。

改めて説明するまでもないかもしれないが、一般に免疫とは病気を引き起こすウイルスなど外敵の侵入に対抗して身を守るため、生物内部に備わっている防御機構だ。中でも適応免疫とは、たとえば何らかのウイルスのせいで一旦ある種の病気を発症しても、それから回復した後には、このウイルスに生物が適応して、次に同じウイルスから攻撃されても病気にかからなくなることだ。

私たち人間の適応免疫とは、たとえば子供の頃に「おたふく風邪」や「麻疹（はしか）」などウイルス性の病気にかかれば、大人になってから、それらのウイルスに接触しても、同じ病気にはかからなくなることだ。これらは言わば、人間（生物）が自然に獲得した免疫系だが、逆に「ワクチン接種」のように微弱なウイルスをあえて体内に取り入れることによって、意図的に適応免疫系を作り出すこともできる。

さて2005年当時、世界中の生命科学者たちは、人間のような高等生物だけでなく、バクテリア（細菌）のような原始生物も適応免疫系を持ち、それを作り出しているのが「クリスパー」ではないかと予想していた。ダウドナ氏にクリスパーの共同研究をもちかけたバンフィールド氏もその一人だが、彼らに先駆けて、それを証明したのが、前述のバランゴウ氏をはじめとするダニスコ社の研究チームだった。

彼らが解き明かしたクリスパーの免疫システムは次のようなものだった。前述の通り、クリスパーでは、繰り返し現れる回文の間に「スペーサー（間隔）」と呼ばれる別の文字列が存在する。バランゴウ氏らの研究チームは各種の実験によって、このスペーサー部分の文字列が、過去にこのバクテリア（あるいは、その祖先）を攻撃したウイルスのＤＮＡ（塩基配列）の一部であることを突き止めた（ある種のウイルスはＤＮＡの代わりにＲＮＡを遺伝物質として使っているので、その場合にはスペーサーはＲＮＡの塩基配列となる）。

つまりクリスパー内部に存在するスペーサーは、バクテリアに対し、過去に自分を攻撃したウイルス、言わば仇敵を知らせるための情報だったのだ。何かに喩えれば「お尋ね者」の顔写真のようなものである。そして次に同じウイルスと接触したとき、このバクテリアはスペーサー部分の情報（塩基配列）と照合して、これが自分の敵であることを認識する。そして「待ってました！」とばかりにウイルスを先制攻撃し、これをバラバラに切り刻んで殺してしまうのである。

さらに新たなウイルスに攻撃された場合、このバクテリア（細菌）が運良く生き残ったとすれば、そのクリスパーには、このウイルスの塩基配列が新たなスペーサーとして付け加えられる。そして、このようなクリスパーはバクテリアの子孫へと代々受け継がれる。つまり、このバクテリア系列が生き延びれば生き延びるほど、そのクリスパーにはスペーサーがどんどん追加されて長くなり、その分だけ自分の敵であるウイルスに対する防御態勢が拡充していくことになる。

ノマド科学者との出会い

2007年、バランゴウ氏らダニスコの研究チームは、以上の研究成果を論文にまとめて米「サイエンス」誌に発表した。ダウドナ氏もこの論文を読んだが、一方で自ら行ったクリスパーの研究からは、「こうしたバクテリアの持つ免疫系は、人間をはじめ様々な動物や植物など高等生物の免疫系とは全く別物である」との結論を得ていた。しかし口では上手く説明できなかったものの、このクリスパーが「ひょっとしたら（人間の）病気の診断、あるいは治療に応用できるのではないか」という、半ば直感的な期待が彼女の頭の中にひらめいていた。

こうしたダウドナ氏の背中を押す出来事、あるいは出会いは、それから4年後に訪れた。

2011年の3月初旬、プエルトリコで開催された米微生物学会・会議に出席したダウドナ氏は、会議の合間にフランス人の女性から声をかけられた。（第一章で登場した）エマニュエル・シャルパンティエ（Emmanuelle Charpentier）と名乗るこの女性は、ダウドナ氏より4つ年下で、当時、スウェーデンのウメオ大学に所属する微生物学者だった。

シャルパンティエ氏はそれまで欧州5ヵ国にまたがる7つの大学・研究所を渡り歩いてきた、いわゆるノマド（遊牧民）科学者の典型で、（どこに行っても）日々の暮らしに事欠くほど低い給与で働いていた。無名の自分が学界で認められ、十分な研究資金と給与を得るためには、ダウドナ氏のようなスター科学者と共同で研究するしかないと考え、勇気を振り絞って彼女に声をかけたのだ。

シャルパンティエ氏はこの頃、「Csn1」と呼ばれる特殊なタンパク質に強い関心を抱いていた。Csn1は、バクテリアのDNA上でクリスパーの近くに存在する遺伝子（Csn1遺伝子）から発現するタンパク質だ。それはまた、DNAを特定の場所で切る「ヌクレアーゼ」と呼ばれる酵素の一種でもある。彼女の、それまでの研究によれば、どうやら、このCsn1がクリスパーと連携することによって、バクテリアの大敵であるウイルスなど外部からの侵略者を正確に特定し、これを攻撃しているようだ。ついては一緒に、このメカニズムを解明してみないか——そうシャルパンティエ氏はダウドナ氏に持ちかけた。

意気投合した2人は早速、共同研究を開始した。ただし両者が働く場所は、遠く離れている。スウェーデンのウメオ大学に勤務するシャルパンティエ氏は、自身の研究室で「化膿レンサ球菌」と呼ばれるバクテリアを培養していた。これは人間など動物に感染すると、その筋肉を壊死させてしまう。このため俗に「ヒト食いバクテリア」と呼ばれるほど獰猛（どうもう）な細菌だ。

しかし、シャルパンティエ氏がCsn1遺伝子を見出したのは、この恐ろしいバクテリアのDNAからだった。彼女は化膿レンサ球菌から抽出した（Csn1遺伝子を含む）DNAのサンプルを慎重に梱包し、これをフェデックスで米カリフォルニア大学バークレイ校のダウドナ研究室に送り届けた。

ここからスタートした両者の共同研究によって、クリスパーとCsn1の連携メカニズムが徐々に解明されていった。それによれば、クリスパーの内部に存在するスペーサー部分は、2段階を経て「ガイドRNA」と呼ばれる特殊なRNAを作り出す。

第二章で学んだ「メッセンジャーRNA（mRNA）」は、DNA（ゲノム）上に存在する遺伝子の塩基配列をコピーして（タンパク質の製造装置とも言える）リボソームへと伝え、最終的に目的とするタンパク質を作るという役割を担っていた。しかしガイドRNAの役割は、このmRNAとは全く異なる。

ガイドRNAには、クリスパーのスペーサー部分からコピーした情報、つまり過去にこのバクテリア（化膿レンサ球菌）、ないしはその先祖を攻撃したウイルスの塩基配列が記録されている。このガイドRNAはCsn1と合体し、核酸とタンパク質からなる特殊な複合体へと変身する。この複合体は、ガイドRNAに記録された情報に合致する塩基配列（DNA）を持つウイルスを探し回る。そして、これを発見すると、（第二章で学んだ塩基の相補性

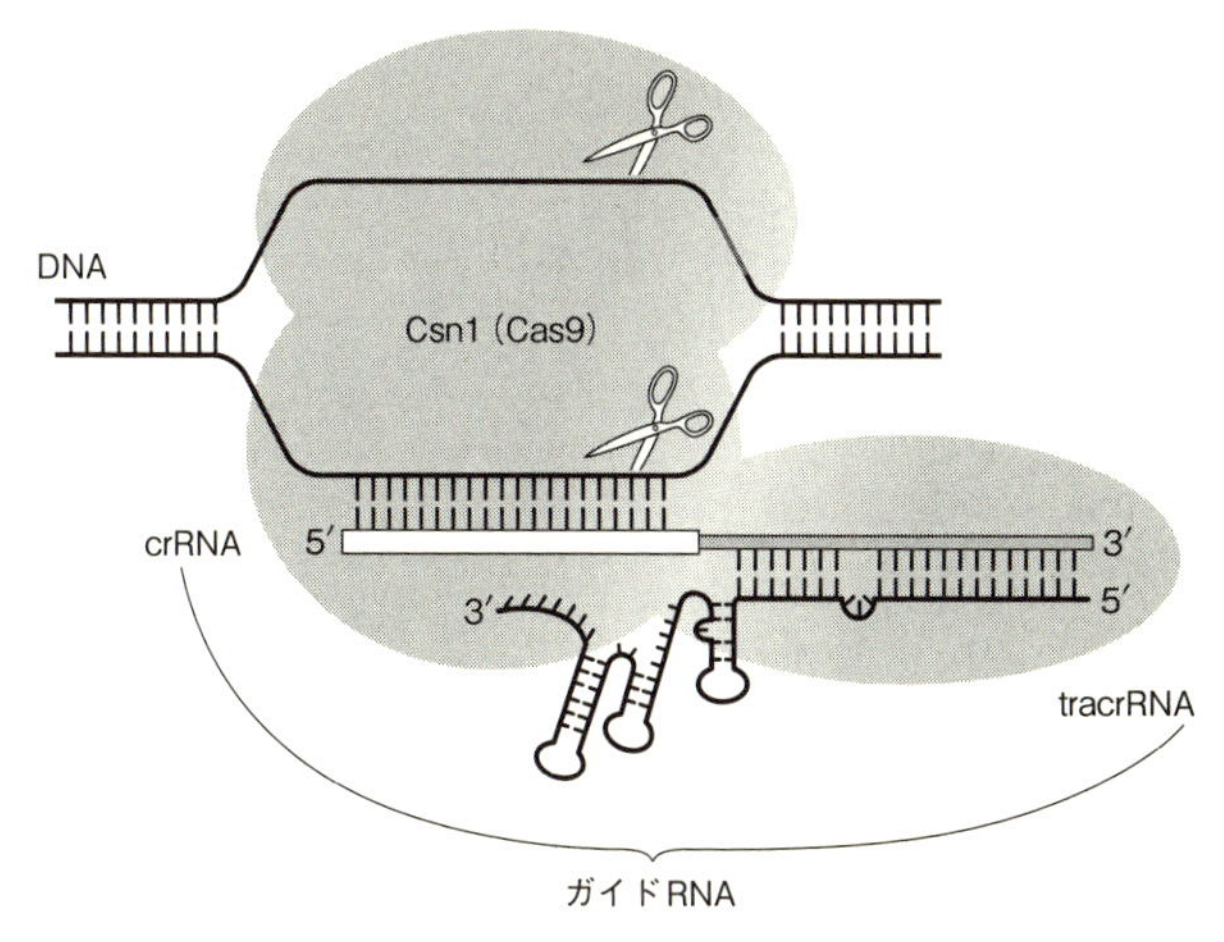

【図15】クリスパー・キャス9が標的とする塩基配列に食らいついて切断する様子
出典：Dharmacon (dharmacon. gelifesciences. com)

を使って）この塩基配列にぴたりと寄り添う。ここからは、（複合体の一部である）Csn1[8]の出番となる。

Csn1は自らの3次元構造を変化させて、標的とするウイルスの塩基配列（DNA）にガッチリと食らいつく。そして一種の分子的なハサミ、あるいはメスのように、この塩基配列をスパッと切断し、ウイルスを殺してしまうのである（図15）。

この際に注意すべき点は、生物のDNAは「二重らせん構造」という呼称からわかるように、2本の鎖（塩基配列）から構成されていることだ。この点は「生物と無生物の間」と呼ばれるウイルスでも同じだ。非常に重要なのは、Csn1という「分子のハサミ」は、DNAを構成する2本の鎖の片方ではなく、両方を同じ場所で切断してしまうことだ。

以上がシャルパンティエ、ダウドナ両氏の共同チームが解明したクリスパーのメカニズムである。ここまでは、基本的に自然界で起きる不思議な出来事の謎（原理）を解き明かそうとする、言わば「サイエンス（科学）」の領域と言えるだろう。しかし本当に重要な展開は、その後に始まった。

共同チームは、ウイルスのＤＮＡを狙った場所（特定の塩基配列）で切断するクリスパーのメカニズムが、単にウイルスのみならず（私たち人間を含む）動物や植物など、あらゆる生物のＤＮＡに適用できるかもしれないと考え、それを実験で証明した。さらにＤＮＡを切断した場所に、「ある長さの塩基配列」を挿入し、そこから再びＤＮＡをつなぎ直せることもわかった。特にＤＮＡの切断個所（塩基配列）が、何らかの遺伝子である場合、たとえば「メンデル性疾患」のように単純な遺伝病を引き起こす異常な遺伝子を破壊したり、あるいは、これを正常な遺伝子へと修復することも原理的には可能だ。

これによってクリスパーは、生物のＤＮＡを自由自在に切り貼りするゲノム編集の最新ツールへと発展し始めた。つまり科学者の興味を掻き立てる「サイエンス」の世界から、たとえば「医療」や「創薬」さらには「農畜産物の品種改良」など、人間社会に貢献する

「エンジニアリング（工学）」の世界へと足を踏み入れたのである。

シャルパンティエ、ダウドナ両氏の共同チームは以上の成果を論文にまとめ、2012年6月に世界的な科学ジャーナル（学術誌）である米「サイエンス」誌（8月号）に発表した。この際、クリスパーのメカニズムの中で重要な役割を果たしているタンパク質（ヌクレアーゼ）「Csn1」を、「Cas9」という新名称へと改名した。

ここでCasとは「CRISPR Associated（クリスパーと関連する）」という英語の頭文字をとった呼称だ。これは文字通り、クリスパーの近くに存在する遺伝子から発現するタンパク質である。世界各国の科学者たちの研究によって、そうしたCasタンパク質は一つではなくていくつか存在することがわかった。

元々、シャルパンティエ氏をクリスパー研究に導くきっかけになったCsn1は、実はそれら一群のCasタンパク質のうちの一つであり、特に9番目に命名されたことから「Cas9（キャス・ナイン）」と呼ばれる。共同チームが開発した「ガイドRNAとCsn1（Cas9）の複合体」による新たなゲノム編集の技術は、やがて「クリスパー・キャス9（CRISPR-Cas9）」と呼ばれるようになった。

従来の遺伝子組み換えは「不自由な技術」

ここまで繰り返し紹介してきた通り、「クリスパー・キャス9（以下、クリスパー）」の最大の長所は、生物のDNA（ゲノム）を自由自在に編集（改変）できることである。しかし、そもそも大分以前から存在し、私たちが時々、新聞やテレビなどで目にする「遺伝子組み換え」などと呼ばれる技術が、すでに（遺伝子を中心とする）DNAを自由自在に改変する能力を備えているのではないか。

たとえばDNA上に存在する特定の遺伝子を破壊した「ノックアウト・マウス」、あるいは特殊なバクテリアの遺伝子を導入することで害虫への抵抗性を備えた「GMO（遺伝子組み換え作物）」などは、いずれも従来の遺伝子組み換え技術による産物である。これら実例を見る限り、あえてクリスパーの出現を待つまでもなく、人類はすでに「DNAを自由自在に改変する技術」を手に入れていたのではないか——そう思われる読者も多いのではないかと思う。

しかし実際はそうではない。第一章でもごく簡単に説明したが、従来の遺伝子組み換え技術は、その「組み換え」という呼称から連想される自由で手軽な印象とは裏腹に、その実態は「極めて不自由で、手間のかかる遺伝子操作技術」だったのである。それをご理解頂くために、以下、若干の紙幅を割いて、従来の遺伝子組み換えとはどんな技術であるかを見ていきたい。

一般に「遺伝子組み換え（遺伝子工学）」の始まりは1970年代前半と言われている。当時、米スタンフォード大学の生化学者、ポール・バーグ教授をはじめ数名の科学者たちが、そのパイオニア（開拓者）と目されている。彼らは、DNAの鎖（塩基配列）を切るハサミの役割を果たす「制限酵素」と、一旦切ったDNAをつなぎ合わせる糊（のり）の役割を果たす「リガーゼ」と呼ばれる酵素を使って、DNAをカット&ペーストする技術を開発した。

これによって、たとえば「インスリン」を発現する遺伝子を人間のDNAから切り出して、これを（繁殖力に富む）大腸菌の細胞内にある「プラスミド」と呼ばれる特殊な環状DNAと合体させる。ここからインスリンを大量生産して、糖尿病の治療に使うといったことが可能になった。

しかし、再三指摘するように、「遺伝子組み換え技術」は、実は科学者にとって極めて複雑で面倒な技術であった。まず大前提として、それはたった1回の手続きでポンと狙った組み換えができるのではなく、複数のステップを踏んでようやく達成される、手間のかかる作業だった。さらにその過程では、前述の「制限酵素」だけではなく、（後述する）「遺伝子導入」や「ES細胞（胚性幹細胞）」など異なる種類の技術も組み合わせねばならない。これらが相まって「遺伝子組み換え」という作業は、全体として非常に時間と労力のかかるプロセスであった。

また個々のステップを見ても、深刻な制約に縛られている。たとえば組み換え用の遺伝子（を内部に含むDNA断片）を作製する際に、「DNAのハサミ」として使われる制限酵素は、実はDNA（の鎖）を任意の場所で切れるわけではない。それは（実験等で確認された）6個程度の塩基からなる特定の塩基配列がある場所でしか、DNAを切断できないのである。

前述のバーグ教授らによる研究を端緒に、その後、いくつもの制限酵素が発見され、各酵素ごとに、どのような塩基配列の、どの部分を切断できるかがわかってきた。この情報を基に（動物や植物など）生物のDNAから何らかの遺伝子を切り出すには、実際の作業に入る前に、あらかじめ「制限酵素地図」と呼ばれる一種の設計図を作成しておく必要がある。

この設計図では、まず生物のDNA（染色体）上で、目的とする遺伝子がどこにあるかを特定する。次に、この遺伝子を切り出すために、どのような制限酵素をどのように組み合わせればいいかを考える。

なぜなら、いきなりDNA上の狙った場所をピンポイントで切ることはできないので、

（前述の制限酵素地図を参照しつつ）徐々に領域を絞り込みながら目的とする遺伝子に近づいていくしかないからだ。つまりいくつかの制限酵素を段階的に使用することにより、「最初はＤＮＡのこの部分を切って、次にここを切って」といった形で、最初は長いＤＮＡを計画的に切り刻んでいく。そして最後にようやく、狙った遺伝子を含むＤＮＡ断片を切り出すことができるのだ。

ただし以上は（計画的と言いながらも）実は極めてランダム（確率的）なプロセスである。つまり制限酵素は、ある特定の塩基配列が存在する場所であれば、どこでも切断してしまうので、せっかく苦労してＤＮＡ断片を切り出しても、その中に目的とする遺伝子が必ずしも含まれているとは限らない。逆に言うと、切り出した多数のＤＮＡ断片の中から、目的とする遺伝子を含むＤＮＡ断片を（特殊な生物学的マーカーを使うなどして）選り抜く必要がある。

このようにして得られた最終的なＤＮＡ断片（目的とする遺伝子を含むＤＮＡ断片）を、今度は別の生物の細胞に導入する必要がある。この手続きは一般に「遺伝子導入」と呼ばれる。その具体的な方法としては、たとえば細い注射針で細胞の核にＤＮＡ断片を注入する「マイクロインジェクション法」、あるいはタングステンなどの金属微粒子にＤＮＡ断片をまぶして、ある種ショットガンのような方法で微粒子ごと細胞内に打ち込む「パーティクル・ガン（遺伝子銃）法」、さらには「ベクター（運び屋）」と呼ばれる特殊なウイルスや細菌を使う方法や、一種の電気ショックを使う方法等、様々な遺伝子導入法が存在する。

「相同組み換え」が起きる理由

以上のようにして、ある生物の核内に、別の生物の遺伝子を含むＤＮＡ断片が導入される。ここから先は、「相同組み換え」と呼ばれる原理によって、この生物のＤＮＡに（先ほど切り出したＤＮＡ断片内に含まれる）遺伝子が組み込まれる。実は、この相同組み換えは、精子や卵子の「減数分裂」など自然現象の過程で普通に起きている現象だ。

たとえば人間の卵子と精子が合体、つまり受精するとき、仮に両者が各々、通常（23組46本）の染色体を持っていたとすれば、受精卵の染色体の総数が通常の２倍である46組、92本になってしまう。これではまずいので、自然界の生物では（精子や卵子など生殖細胞を作り出す、特殊な細胞分裂の過程で）染色体の各組を構成するペア、つまり２本の染色体のうち１本だけが（男性の場合は）精子、（女性の場合は）卵子へと受け継がれる。これが「減数分裂」と呼ばれる現象で、私たち人間を含む、あらゆる動物が子供を作るときには普通に起きている。この精子と卵子が合体（受精）すると、（人間の場合）通常の23組46本の染色体を含む受精卵ができる。

受精卵がその後、「有糸分裂（体細胞分裂）」と呼ばれる別のタイプの細胞分裂を繰り返し、人間の身体へと成長していく過程では、細胞分裂後に生まれる新たな細胞にも23組46本の染色体（DNA）はそのままコピーされて引き継がれていく。これが、どんどん繰り返されて人間の身体が形成される。だから私たちの身体のあらゆる部分の細胞は、どれも（その核の内部に）23組46本の染色体を持っているのである。

さて精子や卵子において、前述の減数分裂の際に起きているのが、「相同組み換え」である。相同組み換えとは、23組の各組を構成する2本の染色体（そのうち1本は父親から、もう1本は母親から受け継いだもの）が各々いくつかに切れて、それらの断片がごちゃごちゃに組み換わることである（図16）。

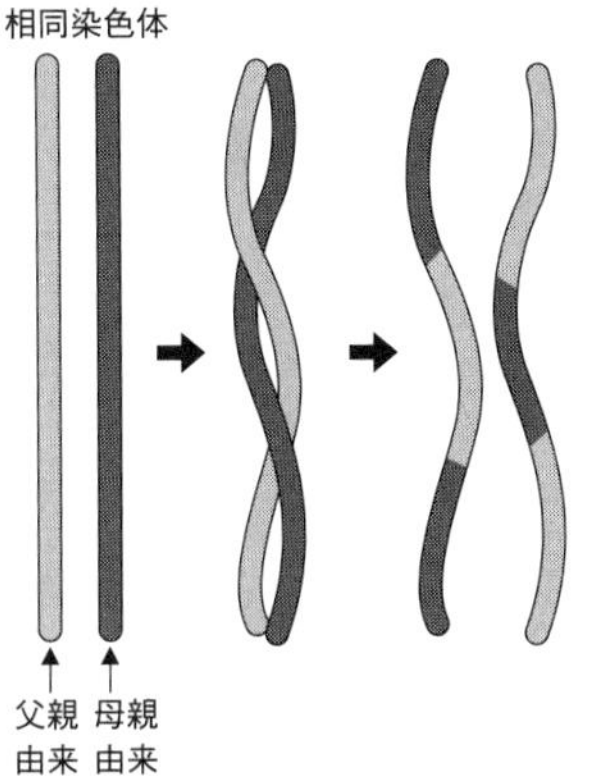

相同染色体

父親由来　母親由来

【図16】染色体の各ペアで起きる相同組み換えの様子

出典：Lyon's Den (smabiology. blogspot. jp), Thursday, November 27, 2008

ただし組み換えが起きるのは、父親由来の染色体と母親由来の染色体とで、互いに相手と同じ場所（遺伝子座）にある塩基配列と決まっている。これが「相同」という呼称の由来だ。

相同組み換えの過程では当然、父親由来の遺伝子と母親由来の遺伝子が入れ替わることも少なからず起きる。それは別の言い方をすれば、「入れ替わった塩基配列の内部にたまたま、何らかの遺伝子が含まれていた」ということだ。

なぜ自然界では、こんな複雑な現象がごく普通に起きるのだろうか？　よく考えてみるとわかるが、仮に、この相同組み換えが起きないとすれば、これから子供を作ろうとする人が自分の父親、ないしは母親から引き継いだ染色体を、丸ごと1本、これから生まれて来る自分の子供に受け継がせてしまうことになるからだ。

つまり、これから生まれてくる子供の立場から見れば、自分の祖父、または祖母と全く同じ染色体（DNA）を引き継ぐことになるし、そもそも、この子供の親自身も自分の祖父または祖母と全く同じ染色体を引き継いでいることになる。すなわち「新しく子供が生まれる」と言っても、事実上はある種の部分的クローンが代々登場することになり、生物的多様性が著しく損なわれる。だから自然界では「相同組み換え」という複雑なプロセスによって、一旦、父親由来と母親由来の染色体を細切れにして、ごちゃごちゃに組み換えることによって、新たな染色体のペア（セット）を作り出し、このうちの1本を生まれてくる子供が引き継ぐような仕組みが生まれたのだ。

ノックアウト・マウスの役割

さて（遺伝子工学における）「遺伝子組み換え」とは、以上のような自然界で起きる相同組み換えを遺伝子工学に応用した技術である。つまり（前述の遺伝子導入によって）ある生物の核内に導入されたＤＮＡ断片は、この生物自身の染色体（ＤＮＡ）と相同組み換えを起こす。これによってＤＮＡ断片に含まれる遺伝子が、この生物本来の遺伝子と入れ替わるのである。

ただし自然現象としての相同組み換えは、実はランダム（確率的）なプロセスである。このため、それを遺伝子工学に応用した「遺伝子組み換え」では、科学者があらかじめ狙った通りの組み換えが実際に起きるとは限らない。むしろ、その確率は極めて低いと言わざるを得ない。このため科学者が目的とする遺伝子組み換えを実現するまでには、長い時間をかけて数限りない実験を重ねる必要がある。

その具体例として「ノックアウト・マウス」が作製される過程を見てみよう。ノックアウト・マウスとは、特定の遺伝子を意図的に機能不全にした実験用マウス（小型ネズミ）である。その名称の由来である「ノックアウト」は、一般に「破壊する」といった意味で捉えられている。つまり特定の遺伝子を破壊して、それを働かなくした（＝機能不全にした）マウスという意味だ。

そもそもなぜ、こんな特殊なマウスが必要とされるのか？　それは科学者たちが実験によって、ある遺伝子の機能を知る、あるいは推定したり確かめるために使われる。たとえば、ある遺伝子を破壊されたノックアウト・マウスが何らかの病気を発症したとすれば、その遺伝子はこの病気を抑える役割を果たしていたと推定できる。あるいはマウスの成長や老化が促進、または抑制されたとすれば、その遺伝子はそれらのプロセスに関与していたと推定できる。

このようにノックアウト・マウスによって、特定の遺伝子の機能を推定したり、知ることができる。そしてマウスと人間では、共通する遺伝子がかなり多く存在するので、ノックアウト・マウスから知ることのできた遺伝子の機能は、ある程度まで人間でも同じと考えることができる。つまりノックアウト・マウスは最終的に医学等、人間のためになる科学に貢献するのである。

気の遠くなる作業の連続

このノックアウト・マウスの作り方だが、実はマウスの染色体（ＤＮＡ）上にある遺伝子を本当に破壊（ノックアウト）するわけではない。実際には、最初にマウス本来の遺伝子とは全く異なる別の塩基配列（何らかの遺伝子であるケースが多い）を用意しておき、これをマウス本来の遺伝子と交換するか、あるいは遺伝子の内部に組み込むのである。

これによってマウス本来の遺伝子が完全に失われるか、あるいはその塩基配列が大幅に乱されてしまうので、この遺伝子（DNA）からmRNAの転写が起きなくなり、この遺伝子が元々発現するはずだったタンパク質が発現しなくなる。つまり事実上、マウス本来の遺伝子を破壊したのと同じ効果を得るのだ。

ノックアウト・マウスはいくつかのプロセス（段階）にわたって作製される。まず最初の段階では、実験に使われるマウスの「ES細胞（胚性幹細胞）」を用意する。ES細胞は「万能細胞」との異名を持つことからもわかるように、目や耳、手足、内臓など、どんな器官へも分化・成長できる万能性を備えた細胞だ。

マウスのES細胞は、その受精卵が細胞分裂し始めてから5日目くらいに生成される「胚盤胞」の内部から多数取り出すことができる。実験を行う科学者は、これらをシャーレに入れて培養する。そもそもなぜ、1匹のマウスの細胞ではなく、そのES細胞を使うかというと、それは全く同じDNAを持ったES細胞を大量に作って、何度失敗しても諦めずに、繰り返し同じ実験を行うためだ。

次に用意するのが、マウス本来の遺伝子（科学者が狙いを定めた遺伝子）と交換、ないしはそこに組み込まれる、全く別の塩基配列（遺伝子）である。これは科学者が前述の「制限酵素」や「リガーゼ」などを使って、自分でDNAから切り出して作るのでなく、むしろ、あらかじめ用意されたものを使うのである。

米国の「アドジーン（Addgene）」や「ＩＤＴ」をはじめ、国内外には一般に「遺伝子バンク」などと呼ばれる機関が多数存在するが、そこには様々な遺伝子が蓄えられている。こうした機関に科学者は数万円の料金を払って、遺伝子組み換えに必要な遺伝子（塩基配列）を注文するのだ。

特にノックアウト・マウスを作るために必要とされる塩基配列は、「ネオマイシン耐性遺伝子」と呼ばれる特殊な遺伝子である。ネオマイシンは抗生物質の一種であり、細胞を破壊する（殺す）ために使われる。ネオマイシン耐性遺伝子とは、この抗生物質への耐性を備えたタンパク質を発現する遺伝子である。つまり自らのＤＮＡにネオマイシン耐性遺伝子を組み込まれた細胞は、たとえネオマイシンから攻撃されても死ぬことはない。

このネオマイシン耐性遺伝子を（先に「遺伝子導入」のところで、簡単に紹介したように）マイクロインジェクション法や一種の電気ショックを使う方法などでマウスのＥＳ細胞の核内に導入する。これと同時に特定の制限酵素も投入することによって、科学者が狙いを定めた遺伝子の前後、またはその内部にある塩基配列を切断する。すると、この遺伝子の全体、または一部がネオマイシン耐性遺伝子と相同組み換えを起こし、結果的にこの遺伝子が破壊（ノックアウト）されたのと同じ効果をもたらす。

ただし、シャーレの中にある多数のＥＳ細胞のどれが相同組み換えに成功したのかはそのままではわからない。そこで科学者はそれらのＥＳ細胞にネオマイシンをかけてやる。そうすると相同組み換えを起こしたＥＳ細胞だけ（ネオマイシン耐性遺伝子を持っているので）生き残り、他のＥＳ細胞は死に絶える。このようにして科学者は、相同組み換えに成功したマウスのＥＳ細胞だけをピックアップできる。

ただし、この相同組み換えが起きる確率は極めて低い。具体的には「10のマイナス6乗」、つまり「100万分の1」の確率と言われている。このため科学者は非常に長い期間を費やして、数え切れないほどの実験をこなす。これによって最終的に、相同組み換えを起こしたＥＳ細胞を最低でも10個以上は作り出す必要がある。

しかし、これでめでたく完了とはいかない。私たち人間をはじめ全ての動物は、あらゆる遺伝子において父親由来と母親由来の2個の対立遺伝子を持っている。これはマウスとて例外ではない。そして前述の相同組み換えに成功したマウスは、2個あるうちの片方の対立遺伝子（科学者が狙いを定めた遺伝子）が破壊されたに過ぎない。

科学者が求めているのは、そのように片方ではなく両方、つまり2個ある対立遺伝子の両方が破壊されたマウスだ。なぜなら片方だけでも破壊されずに残ってしまうと、この残った方の遺伝子がタンパク質を発現してしまう（＝機能してしまう）ので、せっかく片方の遺伝子を破壊しても、全体としては遺伝子を破壊したことにならないからだ。

しかし、前述の「相同組み換え」を使う方法によって、（父方、母方）2個の対立遺伝子を同時に破壊することは事実上不可能である。確かに確率的には、その両方が同時に相同組み換えを起こして破壊される可能性もある。しかし、それが起きる確率は「100万分の1」という確率の事象が2回連続して起きることに等しい。つまり事実上は起こりえない。

では、どうするか？　ここで使われるのが、ある種、伝統的な方法、つまりマウスの交配である。相同組み換えを起こしたES細胞を代理母マウスの子宮に入れて発生させると、（父方、母方の2個のうち）片方の遺伝子だけ破壊されたマウスが生まれる。これは「ヘテロ・マウス」と呼ばれる。このヘテロ・マウス同士を交配させるのである。

ただし、この交配実験は、かなり複雑で手間がかかる。原理的にはヘテロ・マウス同士を交配させれば、いわゆる「メンデルの法則」に従い、「4分の1」の確率で「（父方、母方）両方の遺伝子が破壊されたマウス（ホモ・マウス）」が誕生するはずである。これこそ科学者が求めていた「ノックアウト・マウス」だ。

しかし実際には、ES細胞に課せられた宿命的な限界、つまり「受精卵ほど完全な万能性を持たない」という限界によって、そんな単純な交配実験ではホモ・マウスを作り出すことはできない。ここでは詳細を割愛し、思い切り端折って説明すると、ある種の2段階にわたる複雑な交配作業（その過程では、ES細胞の元となったマウスとは異なる毛色のマウスも使われる）によって、ようやくホモ・マウスが生まれる。その確率は前述の4分の1よりは、ずっと低いが、それでも両方の遺伝子が同時に相同組み換えを起こすのを期待するよりは、ずっと高い確率である。

事ここに至って、科学者はようやく自分が必要とする「ノックアウト・マウス」を作り出すことができたと言える。ここまで読んでご理解頂けたと思うが、それはそれは気の遠くなるような作業である。一般にノックアウト・マウスを作るには、最短でも半年から1年はかかると言われる。しかも、以上のような方法はマウスにしか使えない。たとえば同じくネズミでも「マウス」よりも大きな「ラット」の場合、この方法では遺伝子をノックアウトできない。つまり従来の遺伝子組み換えは、極めて汎用性に乏しいのである。

遺伝子組み換えとクリスパーの違い

さて以上、ノックアウト・マウスを通して従来の遺伝子組み換えの複雑さや難しさ、さらには限界などを紹介してきた。これらをまとめると、以下のようになる。

① 従来の遺伝子組み換えでは、「制限酵素によるDNAの切断」や「遺伝子導入」、あるいは「相同組み換え」や「伝統的な交配作業」など、複数のステップを組み合わせる必要がある。

② 各々のステップを見ても、たとえば「DNAを切るための制限酵素が、実はDNAを好きな場所で切ることができない」など厳しい制約を課せられている。

③ 遺伝子組み換えの根幹である「相同組み換え」が、たとえばノックアウト・マウスのように「100万分の1」といった極めて低い確率でしか、狙った通りに起きない。

④ 従来の遺伝子組み換えは、極めて汎用性に乏しい。

これらの問題や限界はノックアウト・マウスのみならず、「GMO（遺伝子組み換え作物）」や「バイオ医薬品」等、従来の遺伝子組み換えがカバーする全ての分野について言えることなのである。これが結果的に、開発期間の長期化や高コスト化を引き起こしていた。

これに対し「クリスパー」は、次のような際立った特徴、あるいは長所を備えている。

① 従来の遺伝子組み換えが基本的にはランダム（確率的）な手法であったのに対し、ク

リスパーはゲノム（DNA）の狙った場所をピンポイントで切断、改変することができる。もちろん現時点では「オフ・ターゲット効果」など誤操作の可能性も残されているが、それは本質的に「ランダムなプロセス」というより、むしろ「狙った結果からの誤差」といった範囲に収まる。そして、最近の研究によって、その誤差は急速に縮まりつつある。

② 従来の遺伝子組み換えとは異なり、クリスパーでは父方と母方、両方のDNA（相同染色体、ゲノム、対立遺伝子）を1回の操作で同時に改変できる。これによって（従来のノックアウト・マウスなどを作るのに必要だった）複雑で手間のかかる交配実験が不要になった。

③ 従来の遺伝子組み換えは、1回の操作で1個の遺伝子しか改変できなかったが、クリスパーでは1回の操作で複数個の遺伝子を同時に改変することができる。

④ クリスパーは非常にシンプルで扱いやすい技術であるがために、たとえば高校生のような素人でも短期間の訓練で使えるようになる。つまり遺伝子工学の裾野を広げることが期待されている。

⑤ 同じ理由から、従来の遺伝子組み換えに必要とされた膨大な時間や手間、コストなどを大幅に削減できる。

⑥　クリスパーは（人間を含む）どんな動物や植物（農作物）にも応用できる汎用的な技術である。

これらの長所があいまって、たとえばノックアウト・マウスを作製する際に劇的な効果を発揮する。従来の遺伝子組み換えでノックアウト・マウスを作ろうとすれば、最低でも半年から1年はかかると言われていた。これに対しクリスパーでは、それが約3週間にまで短縮された。ちなみに、この「3週間」とは、実は受精卵が発生してマウスの赤ちゃんが生まれるまでに必要な期間であって、これればかりは、どれほど高度な技術をもってしても短縮することはできない。

逆に言うと、クリスパーによってノックアウト・マウスの受精卵を作製する作業自体は、事実上1日あるいは数時間もあれば完了してしまうことを意味する。これはマウスだけに限らず、魚や犬、猫、霊長類、あるいは様々な農作物など、あらゆる生物についても言える。たとえば（第一章で紹介したような）「肉量を大幅に増加した家畜や魚」「危険な角が生えてこなくなった牛」あるいは「腐りにくいトマト」などは、いずれも極めて短時間の単純な作業で簡単に作ることができる。結果的に、それらが製品化される際の期間やコストを大幅に削減できると期待されている。

「神頼みの手法」からの転換

以上のように並外れた力を持つクリスパーという技術は、一体どのようにして開発されたのだろうか？　クリスパーの基礎研究を行い、それをゲノム編集の技術にまで高めたのは、ダウドナとシャルパンティエ両氏の共同研究チームである。中でもカリフォルニア大学バークレイ校のダウドナ研究室に所属する、マーティン・ジネク（Martin Jinek）氏らポスドク研究員は、クリスパーの具体的な技術仕様を作り上げる上で大きな役割を果たした。

クリスパーの最大の長所は、DNA（ゲノム）上の狙った場所をピンポイントで切断（破壊）したり、改変したりできることだ。そのメリットは、従来の遺伝子組み換えで使われてきた「制限酵素」などと比べることで理解できる。

前述のように、「DNAのハサミ」としての役割を担う従来の制限酵素は、DNAの二重鎖を好きな場所で切断できるわけではない。それは（実験等で確認された）6個程度の塩基からなる特定の塩基配列がある場所でしか、DNAを切断できないのである。これは従来の遺伝子組み換えに極めて大きな制約、つまり不便を強いていた。

これに対し、（バクテリアDNA上の特殊な塩基配列としての）クリスパーは過去に自分や自分の祖先を攻撃したウイルスの塩基配列を記憶しており、この記憶に基づいて、再び同じウイルスが近づいてきたときには、これをピンポイントで攻撃して破壊してしまう。その際には、（前述の通り）ガイドRNAが自らの敵であるウイルスのところにまでCas9を導き、あとは（分子的なハサミの役割を果たす）Cas9がこのウイルスのDNAを切断して、殺してしまう。

ジネク氏ら研究チームのメンバーは、このようにピンポイントで敵（ウイルス）の塩基配列に狙いを定めるガイドRNAの仕組みを実験で解明し、それを人工的に再現する技術を開発した。つまり元々は自然界の産物である「ガイドRNA」を、科学者すなわち人の手によって化学合成することに成功したのである。

そこには大きなメリットが伴う。バクテリア（細菌）、つまり自然界のガイドRNAが狙いを定めることができるのは、あくまでも（敵である）ウイルスの塩基配列に限定されている。これに対しジネク氏らが開発した「人工的なガイドRNA」では、標的とする塩基配列を自由に科学者（人間）が決める、つまりプログラムすることができる。彼らは、この人工的なガイドRNAと（化膿レンサ球菌など自然界の産物の一部である）Cas9を結合させた複合体を作り上げた。これが「クリスパー・キャス9（CRISPR-Cas9）」、つまりゲノム編集技術としての「クリスパー」の誕生である。

従来の制限酵素を使った遺伝子組み換えとは対照的に、クリスパーでは、DNA（の二重鎖）を切断する個所を科学者（人間）が自由に決めることができる。たとえば「……AGGCGTATGGC……」というDNAを、「GCGTA」という場所（塩基配列）で切断したければ、人工的なガイドRNAに（「GCGTA」と相補的な）「CGCAU」とプログラムしてあげれば、このガイドRNAが狙った場所にピタリとくっつく（RNAではT〈チミン〉の代わりにU〈ウラシル〉が使われることに注意）。あとはCas9がこの部分を破壊、つまり切断してくれるのだ。

DNAの破壊（切断）された部分は、やがて自然に治癒して再び接続されるが、それは通常、不完全な形で行われる。このため、たとえば切断された部分（塩基配列）が何らかの遺伝子であった場合、たとえ、そこが再接続しても、遺伝子の機能は元に戻らない。つまり遺伝子が破壊されたのと同じことになる。これはノックアウト・マウスなどを作るのに応用できる。

一方、クリスパーの試薬と一緒に何らかの塩基配列（たとえば何らかの遺伝子）を含ませて実験を行うと、Cas9によって破壊された個所（遺伝子）に、この塩基配列（遺伝子）が組み込まれる。しかも、父方と母方の両方の遺伝子が同時に組み換わる。これによって、従来のような「ES細胞」や「交配実験」など複雑な手続きを経ることなく、より直接的かつ簡便に遺伝子組み換えを起こすことができる。

　前述の通り、ダウドナとシャルパンティエ両氏の共同チームは、以上の研究成果を論文にまとめて２０１２年６月に米「サイエンス」誌に発表したが、それは世界の生命科学者の間で大センセーションを巻き起こした。なぜなら従来の遺伝子組み換えが基本的にランダム、つまり確率的な手続きであったのに対し、クリスパーでは科学者がＤＮＡ上の狙った場所をピンポイントで破壊、ないしは改変できるようになったからだ。つまり「確率（偶然）」という「神頼みの手法」から、科学者という人間が主体的にＤＮＡを改造できる手法へと、遺伝子工学が決定的な方向転換を遂げたのである。

　ただし以上の研究成果は、あくまでも試験管内に分離されたＤＮＡに対する実験成果であった。これと同じことが、果たして（人間を含む）生きた動物や植物の細胞（受精卵など生殖細胞も含む）でも再現できるのか？　この点は、米「サイエンス」誌に前述の論文が発表された２０１２年６月の時点では不明であった。当然ながら、世界の生命科学者たちはそれを確かめるための研究へと一斉に走り始めた。

　ダウドナ氏らも前述の論文を発表する前後から、生きた動物や植物でもクリスパーが使えるかどうかの検証実験に着手していた。しかし、それを最初に証明したのは彼らではなかった。

神童科学者フェン・チャン

2013年1月3日、米ブロード研究所のフェン・チャン氏が率いる研究チームは、「マウスと人間の生きた細胞を使って、クリスパーによるゲノム編集に成功した」とする論文を、米「サイエンス」誌のオンライン版に発表した。彼らはクリスパーを使って、複数の遺伝子を同時に編集することに成功していた。また同じ号では、米ハーバード大学のジョージ・チャーチ教授らの研究チームも、同じく人の細胞でクリスパーによるゲノム編集に成功したことを報告していた。

彼らより若干遅れて2013年1月29日、(今回はシャルパンティエ氏とは別個に)米カリフォルニア大学バークレイ校のダウドナ研究チームも同様の研究成果を「eLIFE」というオンライン論文誌に発表した。以上の展開を見ると、この頃には彼ら科学者たちの間で、凄まじい先陣争いが繰り広げられていたことがわかる。

第一章でも紹介したように、チャン氏はクリスパーの基本特許を巡って、現在、ダウドナ氏と激しく争っている渦中の人物である(公式にはチャン氏の所属するブロード研究所と、ダウドナ氏の所属するカリフォルニア大学バークレイ校が争っている)。

チャン氏はダウドナ氏に負けず劣らず、科学者として輝かしいキャリアを有している。

しかし、その生い立ちはダウドナ氏と対照的だ。1982年、中国に生まれたチャン氏は11歳のときに母親と一緒に米アイオワ州に移住。その数年後、2人の後を追って、同氏の父親も米国に移住して家族に合流した。両親が米国への移住を決意したのは、チャン氏に（中国では叶えられない）より高度な教育を受けさせたかったためとされる。

まだ中国で暮らしていた頃、チャン氏の父親は理工系大学の職員、母親はコンピュータ・エンジニアであった。米国移住後、母親はモーテルの清掃職員として家族の生計を立てた。父親の職業は不明だが、一般的に米国に移民として来た家族の暮らしが、それほど豊かであったとは思えない。

チャン氏が分子生物学に初めて興味を抱いたのは、米国に移住後、間もなくのことであった。彼の通っていた中学校が、課外プログラムの一環として生徒たちを映画館に連れて行った。そこで彼らが鑑賞したのは『ジュラシック・パーク』（スティーブン・スピルバーグ監督、1993年製作）だった。

当時、世界的な大ヒットを記録した同ハリウッド映画は、「琥珀(こはく)に閉じ込められた蚊の血液から、古代恐竜のDNAを採取し、ここから最先端の遺伝子工学によって恐竜を生き返らせる」という筋立て。これを見たチャン氏は「（恐竜のような）生物とは、人間の手によってプログラムできるものなのだ。ちょうど私の母がコンピュータ・プログラムを書くのと同様、生物が持つ様々な特徴もプログラムのように書き換えることができるのだ」と感動したという（"Meet one of the world's most groundbreaking scientists. He's 34." Sharon Begley, STAT, November 6, 2015より）。

チャン氏が後に（生物のＤＮＡをプログラムする）クリスパー研究に携わったことを考え合わせると、若干でき過ぎの感もあるエピソードだが、同氏が10代の頃から早熟な才能を示していたのは間違いない。やがてアイオワ州のセオドア・ルーズベルト高校に進学したチャン氏は、その聡明さに気付いた同校教師の仲介で、地元の総合病院に付設する遺伝子治療の研究所でボランティアとして働き始めた。そこで博士号の学位を持つ研究者がチャン氏に、分子生物学の知識や遺伝子工学の手法を一から教え込んだ。

チャン氏は瞬く間にその教えを吸収し、間もなく「メラノーマ（悪性黒色腫）」患者の細胞を「ＧＦＰ（緑色蛍光タンパク質）」を使って光らせることができるようになった（ちなみにＧＦＰとは、生物学者の下村脩氏が１９６２年にオワンクラゲから発見したもので、後に一種の生物学的マーカーとして医学・生物学の分野で不可欠のツールとなった。この功績が評価され、下村氏は２００８年にノーベル化学賞を受賞している）。

チャン氏は高校を卒業する頃には、病院の研究所でＧＦＰを使って、かなり高度な研究を行えるまでに成長していた。これが評価され、半導体メーカーのインテルから５万ドルの奨学金を得て、2000年にハーバード大学に進学。またハーバード大学の方でも、学費から生活費まで全てをカバーする奨学金を提示してチャン氏を迎え入れた。

大学でチャン氏は物理・化学を専攻しつつも、主に（生物学に属する）インフルエンザ・ウイルスの研究を進めた。そして学部を卒業する2004年には、分子生物学の一流ジャーナル（学術誌）に、指導教官と連名で論文を掲載する段階にまで達した。また在学中に、同氏の親友が深刻な鬱病を患い1年間の休学を余儀なくされると、その様子を間近で見ていたチャン氏は、「これから自分は（鬱病のような）神経疾患を治療するための研究をしよう」と決意した。

ハーバード大学卒業と同時に、米西海岸にあるスタンフォード大学大学院に進学したチャン氏は、新進気鋭の神経科学者カール・ダイセロス教授の研究室で、「光に敏感に反応するタンパク質を、脳を構成する神経細胞に組み込む研究」を進めた。そして、この研究成果として、2007年に「光を当てると、同じ場所をグルグルと回り続けるマウス」を作り出した。この様子を撮影したビデオは、今でも動画投稿サイト「ユーチューブ」上に残されており、通算8万回以上視聴されている。

チャン氏とダイセロス教授らが共同で開発したこの手法は、「光遺伝学」という新たな研究分野を切り拓いた。つまりチャン氏は25歳という若さにして、一つの専門領域のパイオニア（開拓者）、そして第一人者として認められたのである。

ゲノム編集の歴史

２００９年、チャン氏は再び東海岸に活動拠点を移し、ハーバード大学でポスドクとして働き始めた。そして間もなく（ハーバード大学とＭＩＴが共同設立した）ブロード研究所に正式な研究員として採用された。

この頃から、彼は「ゲノム編集」に興味を抱いて調べ始めた。本書は最新鋭のゲノム編集技術「クリスパー」に焦点を当てているが、実はそれ以外にもゲノム編集の技術はいくつか存在する。その歴史は１９９０年代の中盤にまで遡るが、この頃「ジンク・フィンガー・ヌクレアーゼ（Zinc Finger Nuclease）」と呼ばれる、第１世代のゲノム編集技術が登場した。

この呼称の一部「ジンク」とは、文字通り「亜鉛（Zinc）」のことである。ジンク・フィンガーとは、「システイン（Cys）」と「ヒスチジン（His）」という2種類のアミノ酸が、この亜鉛原子を取り囲むような形で結合している特殊なタンパク質だ。この構造が、さながら「指（フィンガー）」のように見えるので「ジンク・フィンガー」と呼ばれるようになった（図17）。

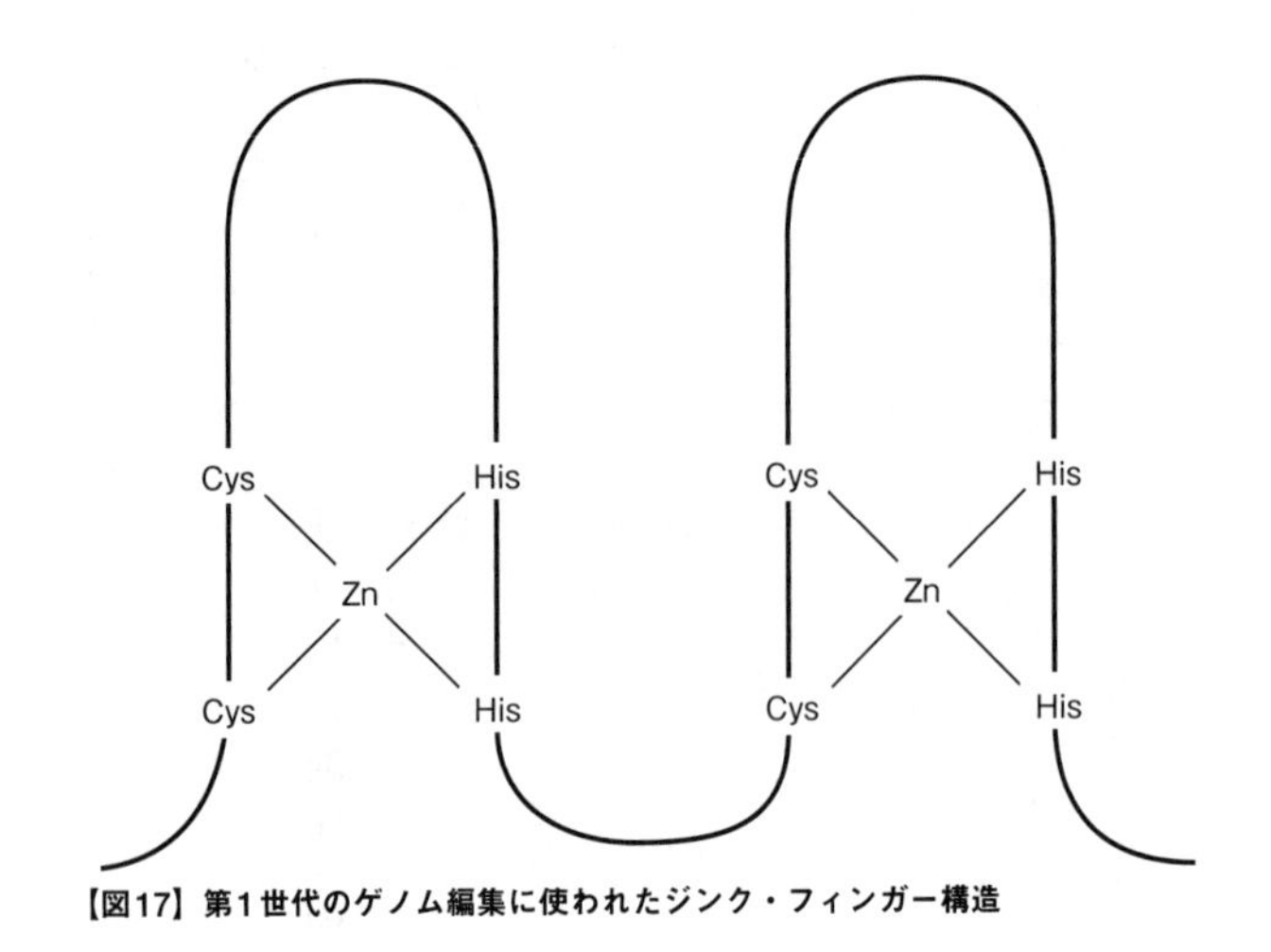

【図17】第1世代のゲノム編集に使われたジンク・フィンガー構造

ジンク・フィンガーは特定の塩基配列を認識して、そこに結合することができる。そこで、このジンク・フィンガーと（DNAを分解するタンパク質である）「ヌクレアーゼ（核酸分解酵素）」を組み合わせれば、狙った場所（塩基配列）でDNAを切断するゲノム編集のツールとして利用できるというわけだ。

しかしジンク・フィンガー・ヌクレアーゼは「（科学者にとって）極めて操作が難しい」という問題を抱えていた。そこで2009年には、「ターレン（TALEN：Transcription Activator-Like Effector Nuclease）」と呼ばれる第2世代のゲノム編集技術が開発された。が、この技術も結局はジンク・フィンガー同様、極めて複雑で使いにくく、なかなか普及しなかった。

これら第1、第2世代のゲノム編集技術に共通する点は、いずれもDNA上の狙った場所（塩基配列）を認識し、その場所までヌクレアーゼを導くガイド役として「タンパク質」を採用していることだった。第二章で学んだようにタンパク質は、まず何種類ものアミノ酸が鎖のようにつながった一次構造を形成した後、これらのアミノ酸が電気的に相互作用することによって複雑に絡み合った立体構造（3次元構造）をしている。

これをゲノム編集のツールとして使うためには、この複雑な構造のタンパク質を、狙った塩基配列を認識できるような形へと丹念に設計（プログラム）しなければならない。これが一筋縄ではいかないほど難しい作業であるため、多くの科学者たちから敬遠されてしまったのだ。

ただしジンク・フィンガーもＴＡＬＥＮも、現時点では、まだ終わった技術ではない。いずれも現役のゲノム編集技術として使われている。たとえば２０１５年６月に英ロンドンのグレート・オーモンド・ストリート小児病院で、重い白血病で瀕死状態に陥ったレイラ・リチャーズという当時１歳の幼女が、最後の手段としてゲノム編集による治療を受け、その症状が劇的に改善した。ここで採用されたのがＴＡＬＥＮであり、このときは「ＣＡＲ－Ｔ」と呼ばれる最新の遺伝子治療技術と組み合わせて使われた（詳細は第四章で）。

これら旧世代のゲノム編集技術には、「長年にわたる研究成果の蓄積」という一日の長がある。しかし、（前述のように）いかんせん使いにくく、また、そのために長い作業時間と多額の研究費用がかかる。これらの問題があいまって、科学者たちの間で徐々に人気を失いつつある。

ブロード研究所でゲノム編集の研究を始めたチャン氏も、最初はジンク・フィンガーやTALENを試してみた。が、実際に実験室で作業に当たる大学院生らが、これらの仕組みを理解し、その使い方を習得するのが極めて困難だった。このためチャン氏は「何か、もっと他にいい方法はないのか？」と代替策を模索し始めた。

その矢先となる2011年2月、チャン氏はたまたま、当時ブロード研究所に在籍していた客員研究員から「クリスパー」の話を耳にした。それによれば、何でも、このバクテリアで見つかった奇妙な塩基配列が、狙ったウイルスのDNAを切り刻んで殺してしまうのだという。この話を聞いたチャン氏は何かひらめくものを感じた。そして早速クリスパーに関して、グーグル検索で見つかる限りの論文を掻き集め、たまたま出席する予定だった国際会議が開かれるマイアミのホテルまで、それらの論文を持ち込んだ。

最早、その国際会議に全く関心を失ってしまったチャン氏は、会議を完全にすっぽかして連日、朝から晩までホテルの部屋でクリスパー関連の論文を読み耽った。読めば読むほど、「この奇妙な塩基配列が、新たなゲノム編集のツールとして使えるのではないか」という期待が胸の内で膨らんでいった。

マイアミのホテルから、ケンブリッジにあるブロード研究所へと帰ったチャン氏は、早速（事実上の部下とも言える）研究室の大学院生らにクリスパーの話を伝え、今後の進路について議論した——確かにジンク・フィンガーやＴＡＬＥＮは長年にわたって確立された手法であるだけに、今後ともこれを研究することは一種の安全策ではある。が、一方でそこには限界もすでに見えている。むしろ、未知であるが故に失敗の危険性も高いが、逆に限界も見当たらないクリスパーに賭けてみるべきではないか——彼らの議論は、そちらの方向へと傾いていった。

特にクリスパーの最大の長所は、ＤＮＡ上の狙った場所へのガイド役として、（ジンク・フィンガーやＴＡＬＥＮのように）タンパク質ではなく、もっと扱いやすいＲＮＡを使えることだった。複雑な立体構造のタンパク質とは対照的に、ＲＮＡはＧ、Ｃ、Ｕ、Ａという４種類の塩基が直鎖状に並んだ単純な構造をしている。このガイドＲＮＡを、特定の塩基配列が認識できるように設計（プログラム）し、これを「ＤＮＡのハサミ」となるＣａｓ酵素と結合させるだけでいい。

以上を何かに喩えるなら、タンパク質の設計がちょうど「無数の石やレンガを組み上げて壮大な大聖堂を建てる作業」であるとすれば、ガイドＲＮＡを設計するのは「真珠を細いワイヤーに連ねてネックレスを作る」ほど簡単な作業に思えた。これなら経験の浅い大学院生でも作れるかもしれない——そう考えたチャン氏は、クリスパーの研究を本気で始める決断を下した。

ちなみに、彼らが決断したこの頃は、ちょうどダウドナとシャルパンティエの両氏がプエルトリコの国際会議で出会い、クリスパーの共同研究を始めた時期と一致する。つまり、この頃、まだお互いの顔を知らないライバルたちは、ほぼ同時期に同じスタート・ラインに立ったのである。

特許争いの経緯

以後の展開は驚くほど速く、そして目まぐるしい。２０１１年３月に本格的な研究に着手してからわずか１年あまりを経た２０１２年６月、ダウドナとシャルパンティエ両氏の共同チームが試験管内に分離されたＤＮＡに対し、クリスパーによるゲノム編集に成功したことを米「サイエンス」誌に発表。

それから半年後の２０１３年１月、今度はチャン氏のチームがマウスと人間の細胞に対して、クリスパーを適用したことを同じく「サイエンス」誌に発表。これと同時にチャン氏の研究チームは自ら開発したクリスパー研究用の試薬を、非営利の遺伝子バンク「アドジーン」に登録し、ここを経由して研究者がこの試薬を無料で使えるようにした。これを機に世界中の科学者たちがクリスパーの研究に殺到し、これに関する論文の数は、2012年の年間90本から2015年には同7000本以上にまで急増した。

これら純粋な科学研究と並行して、クリスパーを巡る特許争いも始まっていた。

第一章でも軽く触れたが、まずダウドナ氏の所属する米カリフォルニア大学バークレイ校が（前述の論文発表に先立つ）2012年5月25日、米PTO（特許商標庁）に対しクリスパーの特許申請を行った（申請書の発明者欄には、ダウドナ氏やジネク氏らバークレイ校の研究メンバーに加え、欧州のシャルパンティエ氏も名前を連ねている）。それから約半年後となる2012年12月12日、今度はチャン氏の所属するブロード研究所とMITが共同で、ほぼ同じ主旨の特許を申請した（申請書の発明者欄にはチャン氏の名前が記載されている）。

クリスパーに関する科学論文の発表、そしてその特許申請のいずれについてもダウドナ氏（米カリフォルニア大学バークレイ校）側がチャン氏（ブロード研究所＝MIT、ハーバード大学）側より先んじていたので、クリスパー特許は前者に与えられるとの見方が強かった。ところが大方の予想に反し、その特許を取得したのはチャン氏だった。

その理由はよくわかっていない。が、一つの大きな幸運がチャン氏の側に有利に働いたのは間違いない。ちょうど、この頃、米国の特許制度はそれまでの「先発明主義」から「先願主義」へと移行する直前にあった。先発明主義では、たとえば実験ノートなど何らかの記録によって真っ先に当該技術を発明したことを証明できれば、その申請者に特許が与えられる。これに対し先願主義では、発明時期の如何によらず、真っ先に特許申請した方に特許が与えられる。

先進国の中では、むしろ例外的に、米国はこれまで先発明主義を採用してきた。しかし、日本や欧州などと足並みを揃えるため、米国も先願主義へと切り替えることにしたのである。

その切り替えは2013年3月16日に実施された。前述の通り、ダウドナ氏（米カリフォルニア大学バークレイ校）側がクリスパーの特許申請をしたのは、その前年の5月25日、またチャン氏側の申請は同年12月12日である。つまりギリギリのタイミングで、彼らの特許申請には従来の先発明主義が適用された。

しかも、ダウドナ氏側より半年以上遅れてクリスパーの特許申請をしたチャン氏側は、申請書類と共に実験ノートも提出。ここに記載されている内容をもって、「自分たちがダウドナ氏らより先にクリスパー技術を開発した証拠である」と主張した。彼らはまた、特許申請時に若干の追加料金を払って、「ファースト・トラック」と呼ばれる優先レーンに申請していた。これにより恐らく、後に提出されたチャン氏側の申請書類が、ダウドナ氏側の申請書類よりも先に審査されたと見られている。

しかし、このファースト・トラックがチャン氏側に有利に働いたという証拠はない。また彼らは自らの勝因として、「技術の実用性」を挙げている。つまり「単に試験管内に分離されたＤＮＡではなく、生きたマウスやヒトの細胞をクリスパーでゲノム編集する技術にこそ実用的な価値がある。これを真っ先にやり遂げた我々にこそ、クリスパー特許は与えられるべきだ」という考え方だ。

チャン氏らはまた、「同じクリスパー技術とは言っても、実は自分たちの技術とダウドナ氏らの技術は大きく異なる。マウスやヒトの細胞をゲノム編集する上では、自分たちの技術の方が優れている」とも主張している。

これに対しダウドナ氏側では「そもそもチャン氏側の技術は、我々が２０１２年６月に論文発表したクリスパー研究の成果をベースに開発されている。またチャン氏らが特許商標庁に提出した実験ノートに記載されていることは、彼らが我々よりも先にクリスパー技術を発明した証拠にはならない」と反論している。

以上の経緯を経て、ダウドナ氏の所属するカリフォルニア大学バークレイ校がクリスパー特許の再審査を米特許商標庁に申請。これを受理した同庁が2016年1月、実際に再審査を開始したことは第一章に述べた通りである。

クリスパーを巡る明暗

これまでクリスパーに関する科学的功績や特許を巡る争いは「勝者総取り」の様相を呈している。その最前線で鍔迫り合い（つばぜりあい）を演じているのは、言うまでもなくダウドナ／シャルパンティエ陣営（カリフォルニア大学バークレイ校）とフェン・チャン氏（ブロード研究所＝MIT、ハーバード大学）である。が、純粋に科学的な視点から見た場合、彼ら以外にもダニスコ社（デンマーク）の微生物学者ロドルフェ・バランゴウ氏をはじめ、少なくとも10名以上の研究者が大きな貢献をしていると言われる（その中には、そもそも最初にクリスパーを発見した大阪大学・微生物病研究所〈当時〉の石野良純氏らも含まれる）。しかし彼らの名前が欧米メディアに大きく取り上げられることは、ほとんどない。

その主な理由としては、ダウドナ氏がクリスパーに関わる以前から、すでに分子生物学の分野ではかなり有名であったこと。またチャン氏は「早熟の神童」として、その並外れた才能が早くから知られていたことがある。つまり彼らは一種のスターとして、メディアも取り上げやすかったのである。また彼らの背後では、世界的にも有名な大学や研究機関が全力を挙げてサポートしている。

これらがあいまって、一旦ダウドナ氏やチャン氏に大きな関心が注がれると、その後は雪だるま式にそれが膨らんでいく一方で、彼ら以外の研究者たちはメディアから半ば無視され、言わば冷や飯を食わされる形になった。近い将来、クリスパーにノーベル賞が与えられることは間違いないと見られているが、上限3名の受賞者に含まれるのは恐らく、ダウドナ、シャルパンティエ、そしてチャンの各氏となる公算が高い。


クリスパーはまた「科学研究の現代性」という点でも興味深い。一昔前まで基礎科学に携わる研究者は、(ノーベル賞という、ほぼ唯一の例外を除けば)「富」や「名声」など世俗的な成功は「諦める」とまでは言わないまでも、「あまり期待しない」ものと思われていた。しかし21世紀に登場したクリスパーについては、それが当てはまらない。

たとえばダウドナとシャルパンティエの両氏は、グーグル創業者のセルゲイ・ブリン氏らが創設した「ブレークスルー賞」を2015年に受賞。各々、300万ドル(3億円前後)もの賞金を授与された。その授賞式には、キャメロン・ディアスやベネディクト・カンバーバッチなどハリウッド・スターが来賓として列席するなど、2人の女性科学者はほとんどセレブ並みの扱いを受けている。

一方、チャン氏は自ら共同設立したエディタス・メディシン社が10億ドル（1000億円前後）もの資金を調達するなど、30代半ばにして巨万の富を動かす力を手に入れた。彼らに代表される21世紀の科学者は、一昔前まで押しつけられていた既成概念をあざ笑うかのように、富と名声を躊躇（ちゅうちょ）なく手に入れていくだろう。

そこではまた、女性の地位も大きく向上するはずだ。ダウドナ、シャルパンティエ両氏をはじめ数名の女性科学者が、クリスパー研究に関与しているのは恐らく偶然ではない。21世紀を支える科学となる分子生物学と、女性研究者の相性は非常に良さそうだ。

この分野では、かつてDNAの二重らせん構造を発見し、1962年にノーベル生理学・医学賞を受賞したジェームズ・ワトソンとフランシス・クリック、そしてモーリス・ウィルキンスの陰に、ロザリンド・フランクリンという英国の女性科学者がいたことはあまりにも有名な話だ。彼女が営々と積み上げた「X線回折データ」を基にDNAの立体構造が解明されたのだが、彼女はその功績を一般にはほとんど知られることなく、1958年に卵巣がんのため37歳の若さで亡くなった。そこには、やはり女性研究者の権利が確立されていなかった当時の時代背景があると見ていいだろう。

それから半世紀以上が経った今日、ダウドナやシャルパンティエ両氏ら現代の女性科学者は（当然と言えば当然だが）堂々と自分の権利を主張し、男性研究者に伍して分子生物学の最前線をリードしている。性別やコネではなく、才能と努力、そして何よりフェアな研究姿勢が評価基準となる気運は、やがて基礎科学から、それをベースにしたエンジニアリング、さらにビジネスの分野へと波及し、世界全体の生産性を飛躍的に高めることが期待される。

続く第四章では、そうしたクリスパー革命が最新医療や「ＧＭＯ（遺伝子組み換え作物）」など食生活、つまりは私たちの生きる世界をどう変えていくか。そして私たちは、それにどう向き合っていけばいいのかを考えてみよう。

第四章　私たち人類は神になる準備ができているか

――グーグルとアマゾンの戦略

豚の臓器をヒトに移植

世界に数多（あまた）ひしめく科学者たちの中でも、ハーバード大学・医学大学院のジョージ・チャーチ教授ほどクリスパーの絶大な威力を熟知している者は少ないだろう。２０１５年10月、ワシントンＤＣで開催された米国科学アカデミーの集会で、チャーチ教授は「クリスパーを使って、豚の遺伝子を一度に62個も改変することに成功した」と発表した。いったい何のために、そんなことをするのか？　それは近い将来、豚の「心臓」や「膵臓」など各種臓器を、人間の患者への臓器移植に使うためだ。クリスパーによる豚のゲノム編集は、そこへと向かう重要なステップになるという。

豚の各種臓器は、そのサイズなどの点において人間の臓器に近いとされる。このため１９９０年頃から、科学者たちは豚から人間への臓器移植を真剣に検討し始めた（この種の臓器移植は「異種移植」と呼ばれる）。

しかし、そうした研究は間もなく大きな壁にぶち当たった。豚の細胞内には「内在性レトロウイルス」と呼ばれる特殊なウイルスが存在する。このウイルスは他の動物に感染すると、自らの遺伝子を宿主（感染した動物）のＤＮＡに組み込むことがわかった。たとえば１９９８年に米国で実施された実験では、豚の細胞と人間の細胞を同一のペトリ皿に入れると、豚の内在性レトロウイルス遺伝子が人間のＤＮＡに組み込まれることが確認された。

豚の遺伝子、しかもウイルスを発現する遺伝子が人間に組み込まれるとは！――「このままでは、あまりにも危険であろう」という理由から、豚の臓器を人間に移植する研究は一時中断を余儀なくされた。その間、科学者たちは豚のＤＮＡから内在性レトロウイルス遺伝子を除去しようと何度も試みたが、いずれも失敗に終わっている。

ところが２０１２年頃から新たなゲノム編集技術「クリスパー」が脚光を浴びると、「これを使えば豚のＤＮＡからウイルス遺伝子を除去できるのではないか」という希望の光が見えてきた。そこで長年、この研究を続けてきた一部の科学者らが、クリスパー研究の第一人者であるチャーチ教授にその作業を依頼したのである（第三章で紹介したように、チャーチ教授は２０１３年１月、ブロード研究所のフェン・チャン研究員らと競うように、「人間の細胞を使って、クリスパーによるゲノム編集に成功した」とする論文を米「サイエンス」誌に発表し、一躍脚光を浴びていた）。

彼らの依頼を受けたチャーチ教授の研究室では、まず豚のＤＮＡ内に内在性レトロウイルス遺伝子が何個存在するのかを実験で数え上げた。それは62個だった。「この程度の数だったら、クリスパーで潰せるかもしれない」と考えたチャーチ教授は、この試みに挑戦してみることにした。そして約２週間をかけて、豚のＤＮＡから62個のウイルス遺伝子を全て除去（破壊）することに成功したのである。

それは従来の遺伝子組み換え技術では到底、不可能なことであった。第三章で紹介したように、「相同組み換え」や「遺伝子導入」などに頼る従来の組み換え技術では、それ自体の成功確率が極めて低いことに加え、一度に1ヵ所（1個）の遺伝子（塩基配列）しか操作できない。また父系と母系、両方の対立遺伝子を組み換えるために、片方だけ相同組み換えを起こした動物同士を交配させる作業も必要になる。結果、わずか1ヵ所の遺伝子をノックアウト（破壊）したマウスを作るのにさえ、最短でも半年以上の期間を必要とした。仮に、このやり方で豚のDNA内にある62ヵ所ものウイルス遺伝子を破壊（除去）しようとしたら、たとえ何十年かけても、やり遂げることはできないだろう。

これに対しクリスパーでは元々成功率が極めて高い上に、一度に複数の遺伝子を操作することができる。また父系と母系、両方の対立遺伝子を同時に改変できるので、手間のかかる交配作業も不要だ。結果、わずか2週間で62個ものウイルス遺伝子を破壊することに成功したのである。チャーチ教授らによる、この研究成果は、クリスパーの真骨頂を世界の科学界に知らしめる出来事となった。

ちなみに日本では、これまで豚など動物の臓器を人間に移植する異種移植は禁止されてきたが、今後は可能になる。厚生労働省の研究班は2016年5月、従来の指針を改め、

「移植患者を生涯にわたって定期検査すること」などの条件付きで、異種移植の実施を許可した。

この背景には海外の事情がある。実は米国や日本など一部の国を除き、ロシアやニュージーランド、アルゼンチンなどでは、すでに豚の臓器、特に膵臓の内部に存在する「ランゲルハンス島」と呼ばれる部分を、1型糖尿病の患者に移植する治療が実施されている。ランゲルハンス島はインスリンを分泌し、糖尿病患者の高い血糖値を下げることができる。

これまでロシアなど諸外国で実施された豚のランゲルハンス島移植は100例以上あるが、豚に内在するレトロウイルスがヒト（患者）に感染したとの報告は一例もない。このため厚労省は日本でも、これを許可することにしたのである。しかしレトロウイルスが豚の臓器内に残っているのは確かなので、万全を期すなら、チャーチ教授のようにクリスパーでレトロウイルス遺伝子を除去するのが望ましい。

遺伝子治療とゲノム編集の融合

以上のような「医療」はクリスパーの応用分野として、最も大きな期待が寄せられている領域だ。第一章でも紹介したように、それは人間の身体を形作る各種「体細胞」と、DNAを次世代に伝える精子や卵子、受精卵など「生殖細胞」に対する治療の2種類に大別される。チャーチ教授が行ったような動物実験はさておき、現時点で実際の患者（つまりヒト）への臨床研究が進んでいるのは「クリスパーを使った体細胞への治療」である。

その対象となるのは主に「遺伝性疾患」、つまり何らかの遺伝子変異によって生じる病気だ。このように体細胞の遺伝子変異を修正して病気を治す方法は「遺伝子治療（gene therapy）」と呼ばれ、実はかなり以前から様々な難病に対して実施されている。ただし、その歴史は山有り谷有りの起伏に富んだものであった。

遺伝子治療は元々、1972年に当時カリフォルニア大学サンディエゴ校小児科教授のセオドア・フリードマン氏が提唱したものだ。その後、1990年に実際に「アデノシンデアミナーゼ（ADA）欠損症」という重度の免疫不全患者に対して、初の遺伝子治療が実施されて成功を収めた。

しかし1999年には、遺伝子治療に使われる「アデノ随伴ウイルス」の大量投与による過剰免疫反応で死亡事故が発生した。また他にも遺伝子治療のせいで白血病を引き起こす患者が出てくるなど、その副作用が大きな問題となった。これを受けて、その後長い間、遺伝子治療の研究は停滞した。

しかし最近、新たな遺伝子治療の方法が開発され、リスクを最小限に抑えつつ、かなりの効果が期待できるようになってきた。その一つがクリスパーのようなゲノム編集技術を、遺伝子治療と組み合わせる方法だ。

それは、大きく2種類の方法に分けられる。一つは「生体外（ex vivo）」と呼ばれる手法で、これは文字通り、患者（人間）の体外で遺伝子治療を行う方法である。具体的には、患者の身体から治療に必要な細胞を取り出し、この細胞内のDNA上にある遺伝子変異をゲノム編集で修正して、これを患者の体内に戻す、という方法だ。

米カリフォルニア州にある医療研究機関「サンガモ・バイオサイエンシズ（Sangamo Biosciences）」は（第1世代のゲノム編集技術である）ジンク・フィンガー・ヌクレアーゼを使って、この生体外における遺伝子治療の臨床研究を行っている。治療対象となる病気は「ベータ・サラセミア」「鎌状赤血球貧血」「血友病」そして（エイズを引き起こす）「HIV感染」など。いずれも血液の病気、あるいは血液が治療に大きく関与する病気だ（血液中に含まれる赤血球や白血球など各種成分は、いずれも体細胞の一種である）。

たとえばHIV感染の遺伝子治療は次のように行われる——まず患者（HIV感染者）の血液から「T細胞」を採取する。白血球に含まれるリンパ球の一種であるT細胞は、私たちの体内に侵入した細菌やウイルスなどと戦って、それによる感染を防いでくれる抗体である。そしてHIV（Human Immunodeficiency Virus：ヒト免疫不全ウイルス）とは、このT細胞の内部に侵入し、この細胞の抗体としての能力を破壊し、ひいては人間の免疫システム全体を破壊してしまうウイルスだ。

　このＨＩＶがＴ細胞に侵入する際に利用するのが「ＣＣＲ５」と呼ばれるタンパク質だ。ＣＣＲ５はＴ細胞の表面に突き出た突起のような部分を形成し、この突起を言わば足がかりにして、ＨＩＶはＴ細胞に取りつき、その内部へと侵入する。逆に言えば、Ｔ細胞がＣＣＲ５を作り出さないようにすれば、ＨＩＶはＴ細胞に侵入できなくなり、エイズの発症を防げるか、あるいは一旦発症した後でも、その症状を鎮静化することができる。

　さて、ごく一部の人たちはＨＩＶが体内に入ってもエイズを発症しないが、それは恐らく、彼らのＴ細胞の表面にＣＣＲ５の突起が存在しないためと見られている。これは一種の突然変異だが、北欧の住民にこの変異を持つ人たちが多い。それは14世紀に欧州で流行した「ペスト（黒死病）」と強い関連性を持っている。

　実はＣＣＲ５は、ペスト菌がヒトに感染する際の足がかりともなっている。逆に言うと、14世紀のペスト流行を生き残った人たちの子孫は、このＣＣＲ５を作り出さない突然変異を有しているケースが多い。この突然変異を起こした遺伝子は、「ＣＣＲ５デルタ32」遺伝子と呼ばれる。

　そこでサンガモの研究チームは、こうした幸運な子孫と同じ突然変異を人工的に再現することにした。具体的には、ＨＩＶ感染者から採取したＴ細胞のＣＣＲ５遺伝子をジンク・フィンガーでゲノム編集し、ＣＣＲ５デルタ32遺伝子を作り出すことに成功したのである。これによってＴ細胞の表面から、ＣＣＲ５の突起が消え失せたため、ＨＩＶはＴ細胞の内部に侵入できなくなった。

このように新たに作り出されたＴ細胞を含む血液を、サンガモの研究チームは患者の体内に戻した。この直前まで、ＨＩＶ感染によって免疫力が極端に低下していた患者は、この新たなＴ細胞、つまり「ＨＩＶへの耐性を備えたリンパ球」を体内に入れることによって、その免疫力が劇的にアップした。それまでＨＩＶに感染した患者はエイズ発症を防ぐために、「めまい」や「吐き気」など副作用の強い複数の薬を飲み続けてきたが、サンガモによる臨床実験を経て、それらの薬を飲む必要がなくなるまで容態が回復した。

サンガモでは他に「ベータ・サラセミア」や「鎌状赤血球貧血」など遺伝性の血液疾患も、ＨＩＶ感染と同様に「生体外」における遺伝子治療によって対処している。いずれの場合も患者の骨髄から血液幹細胞を取り出し、これをゲノム編集で正常な幹細胞に直した後、患者の体内に戻す。原理的には骨髄移植に近いが、大きな違いは元々患者から採取した血液幹細胞を治療して体内に戻すので、骨髄移植に伴う拒絶反応の危険性がないことだ。

がん、パーキンソン病、ダウン症などへの取り組み

こうした「生体外」での遺伝子治療は「がん」にも効果があると見られている。たとえば現在、がん治療の新たな手法として「CAR－T」と呼ばれる免疫療法が大きな注目を浴びている。CAR－Tは「Chimeric Antigen Receptor-T-cell（キメラ抗原受容体発現T細胞）」の略称。

がんは体内の免疫細胞から攻撃されないように、免疫機能を抑制する能力を持っている。一般に免疫療法では、この抑制能力を解除する仕組みによって、本来の力を取り戻した免疫細胞にがん細胞を攻撃させる。

中でもCAR－T療法のポイントは、がんを攻撃する（免疫細胞の一種）T細胞を最も効果的な仕様へと加工することだ。そこでゲノム編集が必要となる。たとえば、（第三章で簡単に紹介したように）2015年6月には重度の白血病で瀕死状態に陥った英国の幼女が、CAR－T療法によって劇的に症状が改善した。このときT細胞を加工するために採用されたのが、（第2世代のゲノム編集技術である）TALENである。

今後はTALENの代わりにクリスパーを使うと、ガイドRNAのプログラミングが短時間で容易に行えるので、T細胞のDNAを医師（科学者）の思い通りに設計できる。これによって個々の患者のがん細胞に特化した、オーダーメイドの免疫療法を提供できると

期待されている。

既に米ペンシルベニア大学の医療チームが、CAR－Tとクリスパーを組み合わせた画期的な治療法の臨床研究を申請し、2016年6月に規制当局に当たる米国立衛生研究所の「組み換えDNA諮問委員会」から認可された。この臨床研究では、がん患者の体内から取り出したT細胞をクリスパーでゲノム編集し、「PD－1」と呼ばれる特殊な受容体の遺伝子を破壊する。

PD－1は、京都大学名誉教授の本庶佑（ほんじょたすく）氏らの研究によって、そのメカニズムが解明された。それによれば、がん細胞で発現する「PD－L1」というタンパク質が、T細胞で発現する受容体「PD－1」に結合すると、T細胞はがん細胞への攻撃をやめてしまう。つまりT細胞の免疫機能が失われてしまうのだ。

そこでPD－1を発現する遺伝子をクリスパーで破壊すれば、PD－L1は結合する相手がいなくなるので、T細胞の免疫機能は維持できるというわけだ。このように加工されたT細胞を患者の体内に戻すことによって、各種のがんを治療するばかりか、その再発も防げるようになるとペンシルベニア大学の研究チームは見ている。

今回、臨床研究（臨床試験）の対象となるのは、がんの中でも「骨髄腫」「メラノーマ（悪性黒色腫）」「肉腫」などに侵された15人の患者。彼らの了承は既に得ているため、今後、もう一つの規制当局であるＦＤＡ（米食品医薬品局）の認可が下りれば、すぐにでも臨床研究が開始される見込みだ。

また中国・成都にある四川大学の医療チームも、ペンシルベニア大学と同様の手法で肺がん患者を治療する臨床研究を、早ければ２０１６年８月にも開始すると見られている。

ただし、こうしたやり方では重篤な副作用が生じるとの懸念もある。実際、組み換えＤＮＡ諮問委員会がペンシルベニア大学の臨床研究にゴーサインを出した直後、米国の医療ベンチャー「ジュノ・セラピューティクス」が実施した白血病患者へのＣＡＲ－Ｔ臨床研究で、患者４名が死亡したことが判明。この種の治療法が未だリスキーで試験的な医療技術であることを、改めて思い知らされた形になった。

以上のように患者の身体から取り出したＴ細胞のＤＮＡを加工するという点では、このＣＡＲ－Ｔも生体外の遺伝子治療と考えられる。

一方、この種の遺伝子治療が難しいのが、アルツハイマー病やパーキンソン病など深刻な神経疾患だ。第一章でも紹介したように、私たち人間の脳は１０００億個以上のニューロン（神経細胞）が複雑に絡み合った神経回路から構成されており、これら無数の神経細胞が病気で破壊されてしまえば、その全てを元に戻すことは、どのような医療技術をもってしても困難と見られている。

また神経細胞の場合、そもそも「一旦体外に取り出して、それを治療してから体内に戻す」という作業自体が難しいと見られている。従って神経疾患に対する生体外の遺伝子治療は、神経細胞それ自体に対する治療ではない。また基本的には、病気の発症を予防するための研究となる。たとえば神経疾患の一種であるハンチントン病（詳細は後述）については、サンガモが生体外における遺伝子治療によって、この病気を引き起こす遺伝子の発現を抑制する研究を進めている。ただし、これはまだマウスを使った動物実験の段階にある。

さらにまた、単なる神経疾患ではないが、神経細胞の減少から相応の知的障害を伴う「ダウン症」に対する遺伝子治療の研究も進んでいる。ダウン症は21番染色体の「トリソミー」、つまり通常ならペアで2本あるべき相同染色体が（減数分裂時の異常から）3本になってしまう現象から引き起こされる。

そこで米マサチューセッツ大学医学大学院のジャンヌ・ローレンス（Jeanne Lawrence）教授らの研究チームは、この3本目の21番染色体を不活性化して、事実上「存在しない」のと同じ状況を作り出そうとした。

彼女らはダウン症患者の体細胞から作られたiPS細胞の21番染色体に、（第1世代のゲノム編集技術である）ジンク・フィンガー・ヌクレアーゼを使って「XIST」と呼ばれる特殊な遺伝子を組み込んだ。XISTは元々、女性が2本持っているX染色体上に存在し、（発生の初期段階で、その片方の）X染色体を不活性化する役割を担っている。そこでローレンス教授らは「このXIST遺伝子を21番染色体に組み込んで、これにある種の刺激を与えて発現させれば、21番染色体も不活性化できるのではないか」と考え、実際にやってみたら上手くいった。

2013年7月、この研究成果が米「ネイチャー」誌のオンライン版に発表されると、かなり大きな注目を浴びた。これは従来の遺伝子治療を発展させ、「染色体治療（chromosome therapy）」と呼ばれる新しい領域を開拓する試みだ。ただし、あくまで基礎研究の段階にあり、これをどう具体的な治療法へとつなげるかは、今後の取り組みにかかっている。

以上が「生体外（ex vivo）」における遺伝子治療の現状だが、他方で「生体内（in vivo）」における遺伝子治療の研究も進んでいる。これは文字通り、患者（人間）の体内で、病気の原因となる異常な遺伝子を治療する方法だ。具体的には、正常な遺伝子を組み込んだウイルスを、異常な遺伝子を有する細胞へと侵入・感染させることにより、異常な遺伝子が正常な遺伝子に置き換えられることを期待する。

こうした治療法が最も適しているのは、医師から見て最もアクセスしやすい器官、たとえば目の病気だ。その一例は、幼児期に発症する「レーバー先天性黒内障（LCA）」と呼ばれる希少疾患である。

LCAは、1番染色体上に位置するRPE65遺伝子の変異による劣性遺伝疾患で、幼児期に発症することが多い。この病気が発症すると、眼の網膜にある「光受容細胞」が異常をきたして視力が低下し、最終的には失明に至る。LCAに対しては、従来型の医療では効果的な治療法が見つかっておらず、これに代わる手段として遺伝子治療の研究が始められた。まずは犬による動物実験を経て、2008年1月、米国で20代前半のLCA患者に対して臨床試験が実施された。

この臨床試験では外科医がLCA患者の目を手術し、その過程で患者の右目の裏の小さな領域に（正常な遺伝子を組み込んだ）ウイルスが注入された。そして患者の網膜をレーザーで修復して、手術は終了した。

その効果は急速に表れ、手術から数日後には患者は「芝生の草の一本一本」から「テーブルの木目」まで、今まで見えなかった物がクリアに見えるようになった。医師が検査すると、治療した網膜部分の感度が手術前の100倍以上に上がっていた。この成功を受け、LCA患者への遺伝子治療は次々と実施されたが、その結果は必ずしも成功ばかりではなく、効果は安定していない（以上、LCAに対する遺伝子治療については、『遺伝子医療革命ゲノム科学がわたしたちを変える』、フランシス・S・コリンズ、NHK出版より）。

そうした中、エディタス・メディシンでは「LCAをクリスパーで治療する臨床試験を2017年までに開始する」と発表している。米国内のLCA患者数は600人程度と見られているが、彼らを対象にして光受容細胞の遺伝子変異をクリスパーで治療する。

LCAは医師にとってアクセスしやすい眼の病気だが、その一方で医師から見てアクセスしにくい器官、たとえば脳内で起きる神経疾患に対する遺伝子治療の研究も進んでいる。前述の通り、パーキンソン病やアルツハイマー病など神経疾患を起こした神経細胞は、身体から取り出して治療することができない。このため、遺伝子治療を行うとすれば、脳内でやるしかない。これも生体内における遺伝子治療の一種である。

たとえば自治医科大学の村松慎一・特命教授らは、パーキンソン病に対する遺伝子治療の臨床研究を進めている。パーキンソン病は脳内の神経伝達物質「ドーパミン」が正常に作られないため、患者の手足が震えるなど全身の動作に支障をきたす。そこでドーパミン合成に必要な酵素「AADC」を発現する遺伝子をベクター（運び屋ウイルス）に組み込み、これを運動機能と関係が深い脳の領域に注入する。この臨床試験では、パーキンソン病を発症して5年以上が経過した患者6人に、こうした遺伝子治療を実施し、そのうち4人の症状が改善したという（「帰ってきた遺伝子治療　リスク抑制、神経難病に効果」、安藤淳、日本経済新聞、２０１５年8月9日付朝刊より)。

ただし遺伝子治療の研究が開始された当初に報告された、「白血病」など副作用のリスクは現在でも完全に消えたわけではない。その理由は、遺伝子のベクターとなるウイルス自体に病原性があるからだ。またベクターを標的細胞の核へと正確に送り届けることも、かなり難しいとされる。そこでウイルス自体をクリスパーでゲノム編集し、病原性を取り除いたり、標的細胞へと正確に到達できるようにする研究への期待が高まっている。

不老長寿の夢

さて、以上が私たち人間の「体細胞」に対するゲノム編集の現状だ。この一方で、精子や卵子、さらには受精卵など「生殖細胞」に対するゲノム編集の研究も盛んに進められている。が、こちらは現時点では、まだ動物実験が中心である。たとえば本章の冒頭で紹介したチャーチ教授の、豚を使った臓器移植のための実験がそうだ。つまり教授は豚の受精卵をクリスパーでゲノム編集することにより、危険な内在性レトロウイルスを体内に含まない豚の胚を作り出したのである。

このチャーチ教授は「ハーバード大学・医学大学院教授」の肩書からもわかるように、れっきとした科学者だが、一方で若干エキセントリックな気質も持ち合わせているようだ。彼は自分の研究室を「技術に基づく新たな創世記の中心地」と位置付け、シベリアの永久凍土に残る遺骸などから採取されたＤＮＡを基に、マンモスなど古代動物を現代に蘇らせようとしている。

チャーチ教授はまた、不老長寿にも関心があるらしく、若返りを研究する「バイオヴィヴァＵＳＡ（BioViva USA）」というベンチャー企業にも科学顧問として名を連ねている。同社ＣＥＯ（最高経営責任者）のエリザベス・パリッシュ氏は医学や分子生物学などには全くの素人であるにもかかわらず、「最先端の遺伝子治療によって若返りを実現する」と主張。しかし米国では規制当局の厳しい監視下に置かれるので、それを逃れるために南米コロンビアで若返りの研究を続けてきた。

２０１６年５月、パリッシュ氏は「自分の身体を実験台にして遺伝子治療を行い、細胞を20歳若返らせることに成功した」と発表。それによれば、彼女は遺伝子組み換え用のウイルスを静脈注射することにより、体内で「テロメラーゼ」と呼ばれる酵素が生成されるようになった。この酵素が、（染色体の末端にある部分で、寿命に影響するとされる）テロメアを伸ばすことによって、（同実験を実施した時に）45歳であった彼女の細胞年齢は20歳若返ったのだという。

この人体実験に対し、バイオヴィヴァＵＳＡの科学顧問で米ワシントン大学名誉教授のジョージ・マーティン氏は「私は動物実験を行うよう何度も求めてきたのに、(同社が)それをやらずに、いきなり人体実験を行うのは言語道断」として、科学顧問の職を辞任した。自らの科学者としての信用に傷がつくことを恐れたためでもあろう。

一方、同じく同社の科学顧問であるチャーチ教授の方は「(パリッシュ氏が主張するように)今回の実験によって、彼女のテロメアが本当に伸びた可能性は十分にある」と述べ、マーティン名誉教授のように抗議して顧問の職を辞すこともなかった。

こうしたチャーチ氏の論拠の一つとなっているのが、2012年にスペインの研究グループが行ったマウスによる動物実験だ。この実験では、やはり遺伝子組み換え用のウイルス注射によって、実際にマウスのテロメアが伸びたことが確認された。

しかし、たった1回の動物実験から、(もしもパリッシュ氏が本当にやったのだとしたら)いきなり人体実験に移行するのは、あまりにも乱暴で危険であるし、そもそもテロメアを伸ばすことが若返りに直結するという科学的根拠も存在しない。このため科学者の大半は、今回のバイオヴィヴァUSAの発表を眉唾で見ているようだ。

生まれる前に病気を治す

チャーチ教授は不老長寿に余程強いこだわりがあるようで、バイオヴィヴァUSA以外に、アンチエイジング専門家であるデイビッド・シンクレア氏とも共同研究を進めている。「アンチエイジング（老化防止）」の研究と聞くと、ちょっと怪しげな印象もあるが、シンクレア氏はチャーチ氏と同じくハーバード大学・医学大学院の教授を務める正真正銘の科学者だ。また2014年に米「タイム」誌から「世界で最も影響力のある100人」の一人に選ばれるほどの実力者でもある。同氏の研究室では、老化速度を低下させる遺伝子の研究を行っている。

このシンクレア氏が2011年に、仲間の科学者らと共同設立したのが「オヴァサイエンス（OvaScience）」というベンチャー企業だ。同社は元々、シンクレア氏によるアンチエイジング研究と、（共同設立者の一人である）米ノースイースタン大学生物学部のジョナサン・ティリー教授による不妊治療の研究成果などを商用化するために設立された。

2014年12月、オヴァサイエンスの投資家向け企業説明会で登壇したシンクレア氏は、同社の現状と今後の展望について語った。それによれば同氏とチャーチ教授は共同で、何らかの遺伝性疾患を有する家系から生まれてくる子供を、その病気から救うため、クリスパーのようなゲノム編集技術を使って（子供が生まれてくる前の段階である）卵子や精子など生殖細胞を治療する研究を進めているという。

この研究についてシンクレア氏は「まだ実験段階だが、いずれ、こうした治療が実現するであろうことを否定する理由は見当たらない」と語った（"Engineering the Perfect Baby," Antonio Regalado, MIT Technology Review, March 5, 2015より）。

ハンチントン病と遺伝子検査

その具体例として同氏が挙げたのが「ハンチントン病」と呼ばれる重度の神経疾患である。かつては「舞踏病」とも呼ばれたハンチントン病は、これを発症した患者が全身を制御不能なまでに激しく揺り動かし、その様子がまるでダンスを踊るようだという理由から、そう呼ばれるようになった。この病気はまた、認知力の低下など他の深刻な症状ももたらし、最終的には患者を死に至らしめる。

ハンチントン病は典型的な遺伝性疾患（メンデル性疾患）であり、その原因となる遺伝子も特定されている。それは4番染色体上に存在する奇妙な反復配列であり、文字通り「ハンチントン遺伝子」と呼ばれる。そこではCAGという3文字の塩基配列が何度も繰り返し現れる。つまり「……CAGCAGCAGCAG……」といった配列だ。このCAGの繰り返し回数が34回以下の場合（これが健康な人間の場合に該当する）、ハンチントン病が発症する恐れはない。次に35〜39回は危険領域、つまり発症するかもしれないし、しないかもしれない。

そして、その繰り返し回数が40回以上に達した場合、ハンチントン病は必ず発症することが知られている。多くの場合、30〜40代で発症し、その後10〜20年をかけて病気が進行する。またCAGの繰り返し回数が多くなればなるほど、発症年齢が早まり症状も重くなると言われる。ハンチントン病は、いわゆる優性遺伝病である。つまり両親から受け継いだ2個の対立遺伝子のうち、その片方に異常がある（この場合、CAGの繰り返し回数が40回以上に達する）だけで発症する。ハンチントン病は（少なくとも、これまでは）基本的に「不治の病」とされてきた。

ハンチントン病は往々にして「家族歴（父親や母親など家族に、この病気を発症した人がいるかどうか）」から、ある人がこの病気にかかる危険性が推し量られる。が、たとえ父親や母親がハンチントン病を発症したとしても、必ずしも、その子供が発症するとは限らない。発症した父親、あるいは母親が持っている対立遺伝子のうち、運良く正常な方のハンチントン遺伝子（つまりCAGの反復回数が34回以下の遺伝子）だけを受け継いだ子供は、この病気を発症することはない。

このように原因遺伝子が特定されているハンチントン病は、第二章で紹介したような遺伝子解析（DNA解析）によって、ほぼ100パーセントの確度で発症するか否かが予知できる。また、（両親が望むなら）生まれてくる子供の出生前診断も可能である。

が、こうした予測技術の進歩は、かえって一部の人々に、昔なら知らなくても済んだはずの不安、恐怖といった精神的苦痛を、新たに背負わせる皮肉な結果も招いている。ある人の親が（人生のある時点で）ハンチントン病を発症した場合、この人自身が（この病気を引き起こす）異常なハンチントン遺伝子を親から受け継いでいる確率は50パーセント、つまり半々である。

このため彼らは遺伝子検査を受けるべきかどうか、悩みに悩むことが多いとされる。もしも検査を受けて、自身が異常なハンチントン遺伝子を保有していないことが判明すれば、その日から何の心配もなく、明るい人生を歩むことができる。が、その逆の検査結果が下されれば、いずれハンチントン病を発症することが確実になる。そして、この病気を回避したり、根本的に治療する手立てはない。つまり検査結果を知った当人に、できることは何もない。これが遺伝子検査の残酷な一面である。

それはまた当人だけの問題ではなくなる。仮に結婚して子供を作ろうとした場合、自身のハンチントン遺伝子が子供に受け継がれる確率はやはり50パーセント。となると、そこでは、かなり難しい決断を迫られるし、それ以前に、そうしたリスクが結婚を躊躇することにつながる時代もあった。

ただし最近は、こうした深刻な遺伝性疾患に対しては体外受精による着床前診断も可能だ。この診断を経て、正常な遺伝子を受け継いでいると確認されたヒト胚を母親の子宮に移植すれば、生まれてくる子供がハンチントン病を発症する恐れはない。

クリスパーはなぜ必要なのか

前述のようにハーバード大学のシンクレア教授らは、自身が設立したオヴァサイエンス社を通じて、このハンチントン病のような遺伝性疾患（メンデル性疾患）を（赤ちゃんが生まれる前の受精卵、あるいは精子や卵子などの段階で）クリスパーによって治療する研究を進めているとされる。

第二章で学んだようにメンデル性疾患では、疾患を引き起こす遺伝子変異が明確に特定されている。4番染色体上にあるCAGの反復配列が引き起こすハンチントン病はまさにそうだし、もっと典型的なのは欧米の白人、特に「アシュケナジー」と呼ばれるユダヤ系民族に多く見られる「囊胞性線維症」だ。

これは体内の粘液など水分の流れに異常をきたす病気で、かなり若い頃に発病するとされる。病気が進行すると、胆石や膵炎を起こしたり、肝機能障害や肝硬変をきたすこともある深刻な病だ。

囊胞性線維症の原因となるのは、7番染色体上に存在するCFTR遺伝子だ。この遺伝子は、その長さが約23万塩基対（bps）にも及ぶが、そのうちのたった3文字（塩基対）の変異（SNP）が、嚢胞性線維症を引き起こすことが知られている。

以上のように病気の原因となる遺伝子変異が明確に特定されているメンデル性疾患であれば、そこをピンポイントで修正できるクリスパーにとって格好の標的となる。シンクレア教授らが、最初の研究材料としてハンチントン病を選んだのはそのためだろう。

しかし、こうした試みには医療関係者の間から批判も寄せられている。その一つは「そもそも、クリスパーによる治療の必要性があるのか？」という疑問である。前述のように原因遺伝子が特定されているメンデル性疾患であれば、体外受精による着床前診断を経て、正常な遺伝子を受け継いだヒト胚（受精卵が細胞分裂し始めた初期段階）だけを母体に戻すことが可能だ。であれば、「あえてリスクをとって、クリスパーのように試験的な医療技術で治療に踏み切る必要性はないはずだ」という批判である。

これに対しクリスパー推進派の研究者らは次のように反論する。一つには、ある種の心理的、あるいは社会的要因によって、着床前診断だけでは問題を解決できない場合がある。たとえば極端に身長が低い「小人症（dwarfism）」の場合、4番染色体上にある「FGFR3」など原因遺伝子が特定されている。この小人症のようなケースでは、同じ症状の人同士が結婚する場合が多い。つまり両親が共に同じ遺伝子変異を持っているので、子供もかなり高い確率でそれを受け継いでしまう。逆に言うと、着床前診断によって正常な遺伝子を受け継いだヒト胚を得るのが難しい。

これと同じことは、夫婦が互いに複数の遺伝性疾患（の原因遺伝子）を有している場合にも言える。つまり原因遺伝子の数が多いだけに、それを全く含まない受精卵を得るのは難しい。

一部の国では宗教上の問題もある。たとえば米国では、キリスト教の中でも極めて保守的な宗派に属する人たちが、「ヒト胚」をすでに生命（つまりヒト）の始まりと見なしている。こうした人たちにとって、「（病気を引き起こす）ある種の遺伝子変異をもったヒト胚を廃棄してしまう」という考え方は容認できない。それは人が生まれて来る前に、その命を奪うに等しいからである。だからといって彼らが、そうした遺伝子変異をゲノム編集で修正することを支持している、という証拠はないのだが、クリスパー支持派にとっては「一つの可能性」としての論拠になり得るのである。

あるいは「不妊症の治療」を、クリスパー支持の理由として挙げる研究者もいる。たとえば「無精子症」の男性の場合、（男性のみが保有する）Y染色体の一部領域で100万～600万個もの塩基対が欠如している。こうした男性の皮膚細胞からiPS細胞（人工多能性幹細胞）を培養し、これをクリスパーで修正してから精子へと分化させる。この精子では、Y染色体に元々欠如していた数百万個の塩基対が正常に組み込まれているので、卵子との融合、つまり受精ができる。もちろん現時点では、あくまで理論的な可能性にとどまっているが、すでに一部の科学者が真剣にその実現可能性を検討し始めている。

ヒトの病気を動物で発症させる

このように様々な遺伝性疾患の治療にクリスパーを活用することへの期待が高まる一方で、実際にヒトの受精卵を使っての実験となると、それはようやく緒についたばかりである。むしろ現在まで広く実施されているのは、もっぱら動物実験であり、このレベルであれば、すでに様々な取り組みがなされている。

たとえば第一章でも紹介したように、中国の研究チームは小型猿マカクの受精卵をゲノム編集して免疫不全症を発症させることに成功。今後は同じ技術を使ってアルツハイマー病や統合失調症、さらには自閉症や躁鬱病など人間がかかる様々な神経疾患をマカクのような霊長類で発症させ、この動物実験を通じて、それら神経疾患の治療法や医薬品の開発へと結びつける計画だ。

またクリスパー開発者の一人であるブロード研究所のフェン・チャン研究員も、同じくマカクなどの受精卵をゲノム編集して「アンジェルマン症候群（Angelman syndrome）」を発症させ、病気のメカニズムなどを解明しようとしている。この病気は（人間の場合）母親由来の15番染色体の異常によって引き起こされる神経疾患で、重度の言語障害や運動障害を引き起こす。

第三章で紹介したように、チャン氏は学生時代に親友が重度の鬱病に苦しむのを目の当たりにしたため、こうした神経疾患の治療にクリスパーを応用したいと考えている。

肥満の解消にクリスパーを応用しようとする試みもある。これまで肥満の主な原因としては過食や運動不足などが指摘されてきたが、最近になって「ＦＴＯ（fat mass and obesity-associated protein）」と呼ばれるタンパク質も肥満に関与していることがわかってきた。具体的には、このタンパク質を発現するＦＴＯ遺伝子の変異が「ＩＲＸ３」と「ＩＲＸ５」という別の遺伝子を発現させることにより、脂肪の燃焼量が過度に抑制され、肥満に結び付くとされる。

こうした中、米ブロード研究所に所属するマノリス・ケリス教授らの研究チームは、マウスを使った動物実験で「肥満を引き起こすＦＴＯ遺伝子の変異をクリスパーで修正し、ＩＲＸ３とＩＲＸ５遺伝子の発現をストップさせることに成功した」とする論文を、２０１５年６月に米「ニューイングランド・ジャーナル・オブ・メディシン」誌に発表した。これによってマウス体内の脂肪燃焼効率がアップしたため、餌を減らしたり運動量を増やしたりしなくても体重が減ったという。ＦＴＯ遺伝子は人間のＤＮＡ内にも存在するため、研究チームでは「今回の成果を今後は、人間の肥満解消に応用したい」としている（ただし第二章で紹介したように、人間の肥満には多数の遺伝子が関与しており、ＦＴＯはその一つに過ぎない）。

動物実験からヒト生殖細胞を使った研究へ

しかし問題は、こうした動物実験の段階から、いつ、そして、どのようにヒトの受精卵、あるいは精子や卵子など生殖細胞を使っての研究に移行するかである。これが一時、非常な注目を浴びたのは、２０１５年４月に中国・広州の中山大学の研究チームが、試験管内で作製された「ヒト受精卵」をクリスパーでゲノム編集する実験を敢行したときだ。彼らは「ベータ・サラセミア」と呼ばれる遺伝性の血液疾患を引き起こす遺伝子変異を、（ヒト受精卵の段階で）正常な遺伝子へと修正することを試みた。

第一章でも紹介したように、この実験は失敗に終わり、少なくともこの時点では「人の生殖細胞をゲノム編集するのは時期尚早」との雰囲気が科学者の間で生まれた。これを受け２０１５年12月には米ワシントンＤＣでゲノム編集に関する国際会議が開かれ、そこで「ヒト生殖細胞の扱い」を巡って激しい議論が繰り広げられた。そして会議最終日に、「ヒト生殖細胞を使ってのクリスパーの臨床実験は現時点では自粛すべきだが、基礎研究であれば、むしろ集中的に行われるべき」との合意が為された。

これを受け英国では早くも2016年初めには国家予算を使って、そうした基礎研究がスタートした。また比較的、慎重と見られた日本政府も同年4月には、ゲノム編集によるヒト受精卵の操作を基礎研究に限って認めた。これによって将来的には、「不妊治療や遺伝性疾患の予防などにつながる研究を促したい」としている。

一方、キリスト教保守派の影響力などから中絶への拒否反応が根強い米国では、以前から「(受精卵が細胞分裂し始めた)ヒト胚も人間とみなす」という考え方が主流。このため英国とは違って、「クリスパーをヒト受精卵に適用する実験」などに国家予算を当てることを連邦議会が法律で禁止している。

しかし、だからと言って今後、この分野で米国が後れをとると見るのは間違いだ。むしろ実際はその逆である。新規ビジネスへの意欲が旺盛な米国では、クリスパーのように大きな潜在性を秘めた技術に対して、ベンチャー・キャピタルなど民間から巨額の資金が流れ込む。

実際、ブロード研究所のフェン・チャン研究員らが共同設立した米エディタス・メディシン社には、すでに10億ドル(1000億円前後)もの資金が注ぎ込まれている。同社を筆頭とする米国のベンチャー企業は今後、そうした潤沢な予算を思う存分使って、ヒト生殖細胞の研究でも諸外国をリードしていくことになるだろう。

さらに中国も２０１６年4月、同国としては2例目となる「ヒト受精卵のゲノム編集」を行った。今回は広州医科大学の研究チームが、不妊治療の患者から提供された（人間になる可能性のない異常な）ヒト受精卵をクリスパーでゲノム編集し、「ヒト受精卵にＨＩＶ（ヒト免疫不全ウイルス）への耐性を持たせるための改変を施した」とする研究論文を米国の生殖医学会誌「Journal of Assisted Reproduction and Genetics」に発表した。それによれば、ゲノム編集された45個の受精卵のうち、4個で目的の遺伝子が改変されたという。

どこまでが許容範囲か

こうした中、特に積極的な科学者たちは、単に深刻な遺伝性疾患や難病の治療を行うだけにとどまらず、将来的には人間の身体をクリスパーによって強化したいと考えている。

その一人であるハーバード大学・医学大学院のチャーチ教授は、身体を強化するために必要な10個程度の遺伝子をすでに特定している。これらの遺伝子をクリスパーで改良すれば、骨の強度を高めて骨折しないようにしたり、心臓病にかかるリスクを低減したり、アルツハイマー病にかかりにくい体質にすることが可能であるという。

「いずれ遺伝子を（クリスパーなどゲノム編集を使って）改良することは、現在の美容整形手術と同じくらい、頻繁に行われるようになるだろう」とチャーチ教授は語っている。

このように積極的な取り組みを、医学以外の専門家はどう見ているのだろうか。たとえば英マンチェスター大学の生物倫理学者であるジョン・ハリス氏は「ヒトのゲノム（DNA）は不完全であり、（これを完全なものとする技術である）クリスパーを支持することは倫理的な義務である」と語っている。

だが彼らのような考え方は、いわゆる「デザイナー・ベビー」の誕生にもつながりかねない。これを一般の人たちは、どう見ているのだろうか？　当然、国によっても違いは出てくるだろうが、たとえば米国の調査機関ピュー・リサーチセンターが2014年8月に実施したアンケートでは、米国人の46パーセントが「成人してから深刻な病気にかかるリスクを減らすためであれば、赤ちゃんの遺伝子を改良することは妥当である」と回答。一方「知能を高めるために赤ちゃんの遺伝子を改良すること」については、同83パーセントが「それは行き過ぎ」と回答した（図18）。

このように、クリスパーなどゲノム編集が広く医療に応用される前から、（少なくとも米国では）すでに、かなりの割合の人たちが、赤ちゃんの体質を遺伝子レベルで強化することを支持している。さすがに「赤ちゃんの知能を高める」など、医療目的以外の試みには

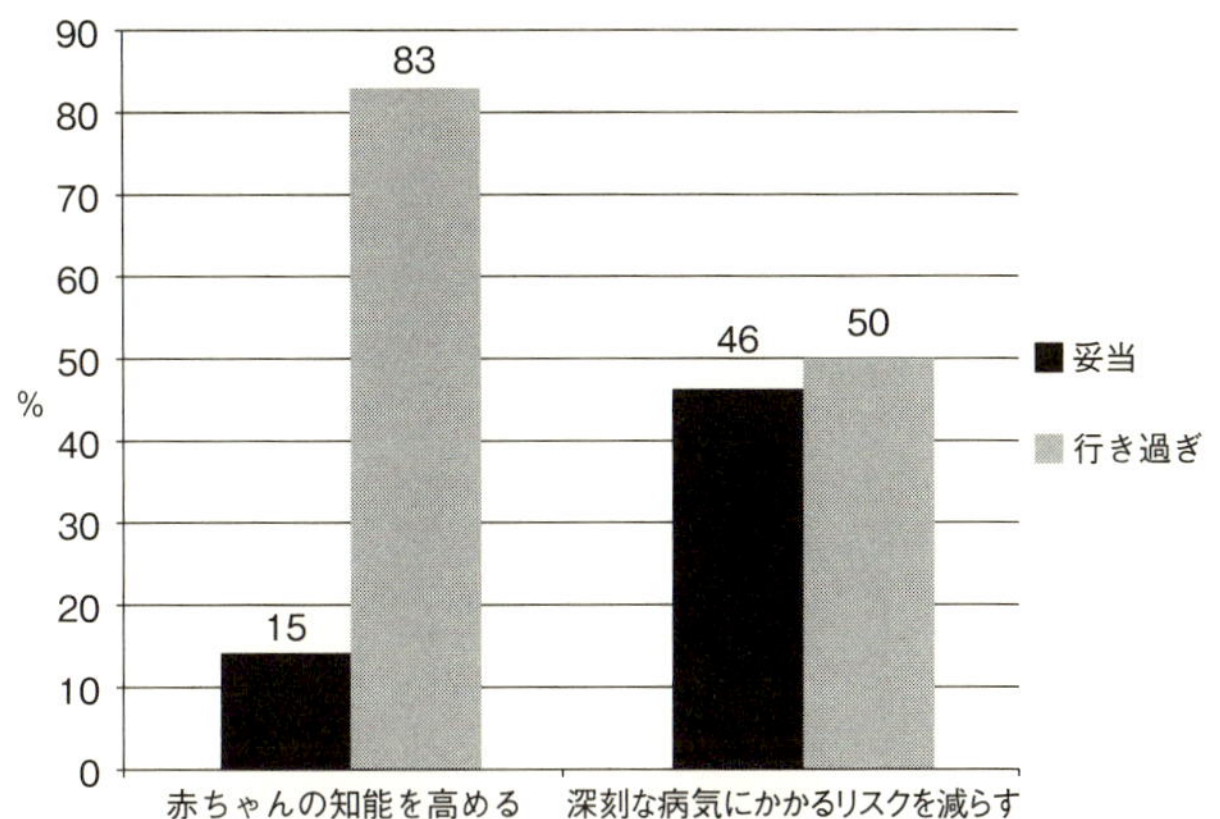

【図18】赤ちゃんの遺伝子改良に対する米国世論
出典：ピュー・リサーチセンターが2014年に米国の成人を対象に実施したアンケート調査

否定的な見解が大勢を占めるが、これとて将来は、どう転ぶかわからないだろう。第一章で指摘したように「医療目的（の遺伝子改変）」と「それ以外の目的」との境界線は曖昧であるからだ。

たとえば最初は「重度の知的障害」を治療するためにクリスパーが適用されたとしても、時間の経過と共に、その適用条件が少しずつ緩和され、ふと気が付いたときには「（生まれてくる赤ちゃんの）知的能力に関する遺伝子を可能な範囲で改良することは、親が果たすべき最低限の義務である」といった時代になっていることもあり得る。それは単に「知能」に留まらず、「運動能力」やアレルギーなど「各種体質」、さらには「身長」や「容姿」などについても同じだろう。確かに現時点で「これらの遺伝子を改良する」などと言えば、「途方もない夢」や「単なるSF」として片づけられてしまうのがオチかもしれない。

しかしDNA上の狙った場所をピンポイントで改変できるクリスパーによって、いつの日か、それが夢やSFではなくなったとき、人は自分自身を変えたり、生まれてくる我が子に対し「できるだけのことをしてあげたい」という欲望に抗し切れるだろうか？

もちろん、こうした考え方は少なくとも当初は、明らかに過激な思想として手厳しい非難を浴びるかもしれない。しかし立場を変えて考えてみると、「そうしたことができる」あるいは「しても全く安全だ」ということが科学的に立証されたとき、それに「待った」をかけるのは一体誰なのか？　政府、倫理学者、それとも保守的NGOだろうか？

仮に政府だとした場合、彼らにそれを規制、あるいは禁止する権利はあるのだろうか？もしも多くの国民が「自分の、あるいは生まれてくる子供のDNAを改良して、より良い人生に変えたい」と望んだとき、「それを、やってはいけない」と説得するための合理的な理由を、未来の政府は見出すことができるのだろうか？

グーグルやアマゾンが果たす役割

若干、話が先走った感があるので、このあたりでいま一度、現状を冷静に眺めてみよ

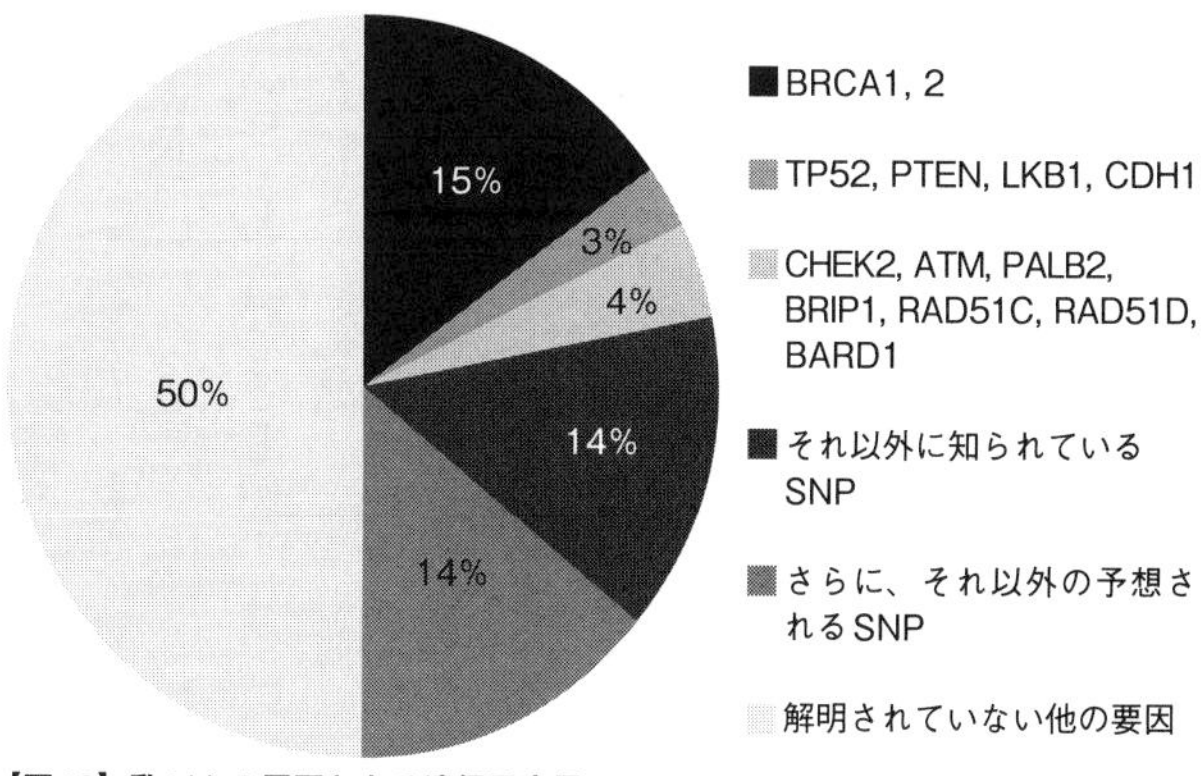

【図19】乳がんの原因となる遺伝子変異
出典：Genomic and Precision Medicine, Coursera, by Jeanette McCarthy et al., University of California, San Francisco

う。第二章で紹介したように、各種の神経疾患やがんなどの病気、あるいは容姿や知能、性格、体質など私たち人間を形作る様々な特性（形質）は、遺伝的要因に強く左右されることが「双子研究」などから明らかになっている。

ところが実際に、どのような遺伝子がそうした病気や形質（表現型）を引き起こしているか、つまりそれらの原因となる具体的な遺伝子やそのメカニズム（動作機構）となると、「メンデル性疾患」のような一部の例外を除けば、ほとんどわかっていない。

たとえば、がんはその種類にもよるが、比較的研究が進んでいる「乳がん」でさえ、それを引き起こす遺伝子やメカニズムの50パーセントはいまだ解明されていない（図19）。あるいは体質であれば、肥満に関与する遺伝子（ＳＮＰ）

は30個程度が特定されているが、それらが遺伝的要因全体に占める比率はわずか１・５パーセントに過ぎない。また身長に関与する遺伝子は７００個程度見つかっているが、同じく全体に占める比率は16パーセント。いずれも未知の遺伝子が大部分を占めている。さらに知能を左右する遺伝子は現時点で一つも発見されていない。

このように各種の病気や形質などの原因となる遺伝子（あるいは遺伝子変異）が不明である以上、たとえクリスパーのようなゲノム編集技術が医療の現場に導入されたとしても、現時点では手の打ちようがない。

つまり「ＤＮＡのメス」を思う存分揮うためには、その前提として、これら様々な形質や病気の原因となる未知の遺伝子、さらにはそのメカニズムなどが詳しく解明される必要がある。この点については（第二章で紹介した）ＧＷＡＳ（全ゲノム関連解析）などによって少しずつ進歩はしているものの、そのスピードはお世辞にも速いとは言えない。

そうした中で今、大きな期待を集めているのが、米ＩＴ企業による生命科学分野への参入である。「ＡＩ（人工知能）」や「クラウド・コンピューティング」など、彼らが得意とする先端的な情報技術を駆使して、がんなど様々な病気を引き起こす遺伝子やそのメカニズムを解明することが期待されているのだ。

その先頭を走るのはグーグル（アルファベット）とアマゾンである。特にグーグル共同創業者の一人であるセルゲイ・ブリン氏は、重篤な神経疾患であるパーキンソン病の原因となる「ＬＲＲＫ２遺伝子の変異」を有していることが「23andMe」の遺伝子検査から判明した（ちなみに23andMeは元々、グーグルなどの出資により創業された。同社創業者のアン・ウォイッキ氏はその後、ブリン氏と結婚するが、二人は２０１５年に離婚している）。その後、ブリン氏は個人的にパーキンソン病の研究団体に５０００万ドル（50億円前後）を寄付した他、自身もこうした難病をＩＴの力で打破する取り組みに積極的と見られている。

特にブリン氏が求めているのは医学研究のスピードアップだ。そのために必要なのが、いわゆる「クラウド・コンピューティング」の導入である。クラウド・コンピューティング（以下、クラウド）とは、机上のパソコンの代わりに、インターネットに接続されたサーバー（高性能コンピュータ）上で実質的な仕事をこなす情報処理のスタイルを指す。こうしたやり方は２００８年頃から世界的に流行し始めた。

クラウドでは、ＩＴ企業が「データセンター」と呼ばれる大型施設を用意し、この内部に何十万台にも上るサーバーを設置。これらを全てインターネットに接続し、ネットを経由して世界中のユーザーがクラウドを使えるようにする。ユーザーは一見、机上のパソコンで仕事をしているような気になるが、実際にはインターネット経由で接続されたサーバー上で情報処理が行われている。

グーグルはアマゾンと並ぶクラウド事業者の大手だが、そのビジネスの一環として2013年3月から「グーグル・ゲノミクス(Google Genomics)」というサービスを提供している。グーグル・ゲノミクスは主に病院など医療機関や大学の研究室、あるいは製薬会社などを対象に提供されるクラウド・サービスだ。

彼らを中心とする医学界は、最近「個別化医療(personalized medicine)」あるいは「高精度医療(precision medicine)」などと呼ばれる新しい医療スタイルに向かって進み始めている。これらは従来の症状別の治療を離れ、患者ごとに病気の根本的な原因やメカニズムを遺伝子レベルで解明し、それに基づいて個々の患者に特化した医療サービスを提供する。

たとえば乳がんの原因として有名な「BRCA1/2遺伝子の変異」はまた、卵巣がんを引き起こすことも知られている。また大腸がんと子宮内膜がんには、少なくとも4種類の遺伝子変異が共通している。そうであるなら、従来のように病気が発症した部位によって分類するのではなく、「遺伝子の変異」という根本的な原因をターゲットにした医療を行うべきではないか。これが個別化医療のベースにある考え方であり、病気の原因となる遺伝子変異をピンポイントで叩くことから「高精度医療」とも呼ばれる所以(ゆえん)である。

こうした新しい医療には、大勢の患者から提供されるゲノム(個人の全遺伝情報)が必須となる。これは一見、「個別化医療」という呼称とは矛盾するように思えるかもしれないが、実際はそうではない。なぜなら何千、何万という患者から集められた大量のゲノムを統計的に解析することによって、各種のがんをはじめ様々な病気を引き起こす多数の遺伝子変異や、それらの背後に潜む何らかのパターンが浮かび上がってくる。これに基づいて、個々の患者のゲノムにマッチした最適な医療サービスを提供できるのである。

そこで必要となってくるのが「グーグル・ゲノミクス」のような、IT企業が提供するクラウド・サービスだ。大勢の患者から集められたゲノムは、いわゆる「ビッグデータ（膨大なデータ）」の一種である。これはもちろん、大学の研究室や医療機関、あるいは製薬会社などが独自に管理しても構わない。が、ビッグデータの管理コストやセキュリティ面などを総合的に考慮すると、むしろグーグルのようなIT企業のクラウド・サービスにデータを預けた方が安上がりで安全と言われる。

さらにクラウド上に蓄積された大量のゲノムを、異なる医療機関や大学などでシェアすることにより、これに関する研究のスピードと質がアップすることも期待されている（ただし、その場合はゲノムを提供する患者の同意が必須となる。また異なる医療機関同士が排他的な縦割り体制を排して、協力体制を構築することも大前提として必要となってくる）。

ＩＢＭとマイクロソフトも追随

このような医療業界のニーズに向けて、グーグルのみならずアマゾン、ＩＢＭ、マイクロソフトといった世界的ＩＴ企業が次々とクラウド・サービスを提供している。これらの使用料金には、患者一人当たり３〜５ドルのデータ管理費に加えて、ＩＴ企業が提供するビッグデータ解析ソフトの使用料なども含まれる。これら医療系クラウド・サービスの市場規模は世界全体ですでに数億ドル（数百億円）に達し、２０１８年には10億ドル（１０００億円前後）に達すると見られている。

現在、この新たな市場でトップ・シェアを競い合っているのがグーグルとアマゾン、これを追っているのがＩＢＭやマイクロソフトである。たとえば米国で自閉症を専門に研究する某医療機関ではグーグル・ゲノミクスを使って、子供を中心に約１万人の自閉症患者のゲノムを管理・解析している。同じく米国でアルツハイマー病を専門に研究する医療機関は、同様の作業にアマゾンのクラウド・サービスを使っている。彼らＩＴ企業は時に激しい値引き競争をしてまで、この急拡大しつつある新市場のシェアを奪い合っている。

一方、医療機関や大学の研究室、さらには製薬会社などユーザー側が、あえてグーグルやアマゾンのクラウド・サービスを使う理由は、前述のコストやセキュリティなどの点に加え、そこで提供される高度なデータ解析ツールのためでもある。元々、ＩＴ企業はビッグデータ解析のプロなので、彼らが顧客に提供するデータ解析ツールは非常に充実している。これが複雑な病気を引き起こす多数の遺伝子変異や、それらのメカニズムの解明に大きな力を発揮すると期待されているのだ。それはまた、ブリン氏が求める医学研究のスピードアップにもつながる。

がんの研究を例にとって考えてみよう。がんは様々な遺伝子の変異が環境的な要因と絡み合って発症する複雑な病気だ。第二章で紹介したように、「DNAマイクロアレイ」など最近の測定技術を使った「GWAS（全ゲノム関連解析）」などによって、がんを引き起こす数多くの遺伝子変異が発見されたが、それらはまだ氷山の一角に過ぎない。がんを引き起こす遺伝子やそのメカニズムの大半は、いまだ謎に包まれている。しかし今までの研究では、がんには平均して33〜66個程度の遺伝子変異が関与していると見られ、その数はがんの種類によって異なる。

たとえば小児がんの場合、それを引き起こす遺伝子変異の数は比較的少ないが、肺がんや皮膚がん、あるいは大腸がんなどでは、その数が非常に多い。その理由は、人生の初期に起きる小児がんに比べ、人生の後期に発症する肺がんや皮膚がんなどでは、たとえば喫煙や紫外線の影響など、長い人生の間に蓄積された発がん物質や環境要因が大きく作用してくるからだ。これによってDNAの修復酵素が深刻なダメージを受け、結果的にこれらのがんを引き起こす多数の遺伝子変異が発生してしまうのだ。

これらの遺伝子変異を、がんの研究者たちは大きく2種類に分けて考える。一つは「運転手の変異（driver mutations）」、もう一つは「同乗者の変異（passenger mutations）」である。これはがんに関する遺伝子変異を「クルマの運転」に喩えた表現だ。ここで「運転手の変異」とは、がんを引き起こす上で本質的な役割を果たす遺伝子変異、一方「同乗者の変異」とはがん患者の細胞からたまたま発見された（つまりがんというクルマにたまたま同乗した）遺伝子変異であって、がんを引き起こす本質的な変異ではない。

研究者らは、数多くのがん患者から収集したゲノム情報を統計的に解析することにより、がんの本当の原因である「運転手の変異」をあぶり出そうとする。そこではがんと遺伝子変異の間に、ある種のパターンを見出すことが重要になる（図20）。しかし、それは極めて困難な作業で、これまでのGWASを通して、各種のがんを引き起こす遺伝子の特定が限定的な範囲にとどまっている、大きな理由の一つとなっている。

ここで今後、大きな役割を果たすと見られるのが、グーグルやアマゾンなどIT企業がクラウド上で提供する高度なデータ解析ツールだ。中でも「ディープラーニング」あるいは「ディープ・ニューラルネット」などと呼ばれる最先端のAI（人工知能）は、画像や音声などパターン認識の能力で人間を抜いたと言われている。がんの研究者らは今後、こうした先端ＡＩを取り入れることによって、従来は難しかった原因遺伝子の特定を加速させていくと見られている。

　またＡＩ技術の研究開発で世界をリードするグーグル自身が、２０１４年に「ベースライン・スタディ」と呼ばれる健康科学プロジェクトを立ち上げ、ここで多数の被験者から収集した唾液や組織などの生体情報、さらにゲノム情報を解析する研究をスタートした。第一章でも紹介したように、グーグルは傘下のベンチャー・キャピタルを通して、（クリスパーの医療分野への応用を図る）エディタス・メディシンにも投資している。

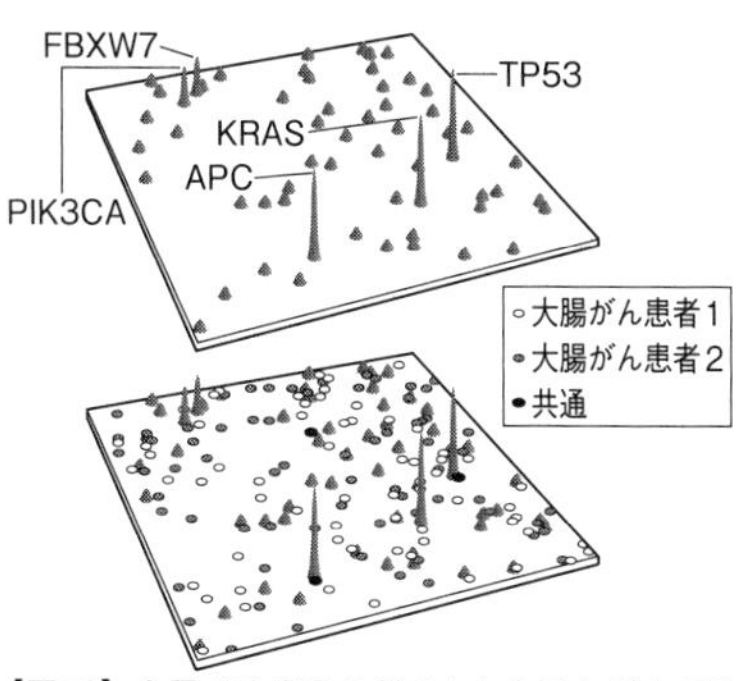

【図20】大腸がん患者のゲノムから浮かび上がる遺伝子変異のパターン

From Wood, L.D. et al., Science 2007, 318 (5853): 1108-1113
出典：Genomic and Precision Medicine, Coursera, by Jeanette McCarthy et al., University of California, San Francisco

　グーグルはこれらの関係について公式に言及したことはない。しかしブリン氏が率いるグーグルの基礎研究部門が、ゲノム編集クリスパーに期待しないはずがない。彼らは今後、最先端のＡＩ技術で難病の原因遺伝子や発症メカニズムを解明し、これをＤＮＡのメス「クリスパー」によって遺伝子レベルで手術する研究へと乗り出すだろう。

GMO（遺伝子組み換え作物）とクリスパー

以上のような「医療」と並んで、私たちの暮らしや健康に重要なのが「食」である。私たちが普段口にする食品の原材料となる農作物や家畜などに、クリスパーはどんな影響を及ぼすのだろうか？

これを考える上で欠かせないのが、クリスパーが登場するはるか以前から存在した「GMO」との比較である。GMOは「Genetically Modified Organism（遺伝子組み換え生物）」の略称で、文字通りに解釈すれば「（従来の）遺伝子組み換え技術で作られた全ての生物」を意味する。しかし一般には「（遺伝子組み換えで作られた）農作物や家畜など」を指すことが多く、本書でもそのような意味で使っている。

今、ゲノム編集、特にクリスパーの出現によって、このGMOを巡る「食の安全」と「規制のあり方」が根本的に問い直されている。その説明の準備として、これまでのGMOの歴史や技術、さらに規制を巡る動きなどを以下、ざっと振り返ることにしよう。

第三章で紹介したように、米国を中心に「遺伝子組み換え技術」の研究が始まったのが1970年代前半。これを農作物に応用して、収穫量の増大などを図ろうとする研究は80

年代に始まった。

やがて90年代半ばから、米国を中心に遺伝子組み換え作物は大々的に生産されるようになった。中でも有名なのが、除草剤「グリホサート（商品名はラウンドアップ）」への耐性を備えた大豆である。ラウンドアップは基本的に全ての植物を枯らしてしまうので、庭の雑草取りなどには効果的だが、畑など農耕地における除草剤としては使えない。なぜなら雑草のみならず、農作物までも枯らしてしまうからだ。

このラウンドアップの製造・販売元は、世界的なバイオ・化学メーカーのモンサントだ。同社はラウンドアップの市場を拡大するため、この除草剤への耐性を備えた大豆を遺伝子組み換えで開発し、これを「ラウンドアップ・レディ（Roundup Ready）」と名付けた。この新たな大豆の種子を蒔いた畑では、たとえ除草剤ラウンドアップを散布しても、雑草だけが枯れて大豆は生き残る。モンサントは農家に対して除草剤と種子の両方を販売しており、ラウンドアップ・レディの投入によって、その両方の売上が伸びるので万々歳というわけだ。

このように除草剤への耐性を備えた農作物は、大豆の他にも「菜種（植物油の原料）」や「綿花」など次々と登場した。さらに「害虫」への抵抗性を備えたトウモロコシやジャガイモなど多彩な遺伝子組み換え作物が開発され、世界的に市場を広げていった。

GMOの作製方法と規制との関係

しかし一方で、これらGMOは「食の安全を脅かす危険性もある」として、米国政府はそれを規制することにした。なぜ安全を脅かすと考えられたのか？　その理由を知るためには、遺伝子組み換え作物がどのように作られているかを知る必要がある。

従来の遺伝子組み換え技術がどんなものであるかは、第三章で紹介した「ノックアウト・マウス」のところで詳しく説明した。しかし同じ「遺伝子組み換え」という言葉を使っても、実はマウスのような「動物」に対して使われる技術と、農作物のような「植物」に対して使われる技術とでは大分違う。もちろん両者には共通している点もあるが、異なる点も少なくない。

一般に農作物など植物に適用される遺伝子組み換え技術では、外来遺伝子を植物本来のDNAに組み込むために「アグロバクテリウム」が使われることが多い。アグロバクテリウムは土の中に生息するバクテリア（細菌）の一種である。アグロバクテリウムのような細菌は一般に、染色体のDNAとは別に、「プラスミド」と呼ばれる特殊な環状DNAを細胞質内に有している（ちなみに、細菌の場合、染色体のDNAも環状だ）。

このアグロバクテリウムは植物に感染する性質を持っている。そして感染すると、自身のプラスミドに入っている遺伝子の一部を、植物本来のＤＮＡに組み入れる。こうした現象はウイルスではよくあることだが、バクテリアでこの性質を持っているものは珍しい。ＧＭＯでは、こうしたアグロバクテリウムの奇妙な性質を、遺伝子組み換えの手段として使っている。それは、いわゆる「ベクター（外来遺伝子の運び屋）」としての役割を担っているのだ。

具体的に言うと、（これから遺伝子組み換え作物を作ろうとする）科学者や技術者は、まずアグロバクテリウムから取り出したプラスミド（環状ＤＮＡ）の一部を制限酵素で切断して、その開いた個所に（殺虫性や耐除草剤性など）有用な機能を持った遺伝子を組み込んで、再びつなぎ直す。このように加工したプラスミドを、次にはアグロバクテリウムの細胞内に戻してやり、この改造されたアグロバクテリウムを植物に感染させるのである。するとプラスミドの内部に組み込まれた外来遺伝子が、（相同組み換えの原理などによって）この植物本来のＤＮＡに組み込まれ、私たち人間にとって非常に便利な新植物（遺伝子組み換え作物）が生まれるというわけだ。

ここで問題となるのは、「この外来遺伝子として何を使うのか？」という点だ。たとえば前述の「害虫への抵抗性を備えたトウモロコシやジャガイモ」などの場合、外来遺伝子として「バチルス・チューリンゲンシス（Ｂｔ）」と呼ばれるバクテリア（細菌）の遺伝子が使われる。

このBt細菌は、昆虫だけを殺す毒素タンパク質を有している。このタンパク質を発現する遺伝子をBt細菌のDNAから切り出して、これを前述のアグロバクテリウムを使って各種植物のDNAに組み込んだものが、「害虫への抵抗性を備えた農作物」なのである。

一方、（同じく前述の）「ラウンドアップ（除草剤）への耐性を備えた農作物」を開発する場合には、そうした除草剤の影響を受けない細菌、あるいは除草剤を分解してしまう細菌を、科学者らが自然界から探してくる。そして、それら細菌のDNAから切り出した遺伝子を、やはりアグロバクテリウムを使って、目的とする植物（農作物）に組み入れるのである。

以上がGMOの作り方である。これを規制する際に、農務省など米国の規制当局が大きなポイントとして考えたのが、以下の2点である。

① GMOには、（Bt細菌に代表される）バクテリアのような、植物とは別の生物から取り出された遺伝子（外来遺伝子）が組み込まれている。
② GMOを作る際には、①で示したバクテリア由来の外来遺伝子を、目的とする植物に組み込むためのベクター（運び屋）として、同じく（アグロバクテリウムのような）バクテ

リアを使っている。

要するに「バクテリア由来の外来遺伝子を、同じく何らかのバクテリアの力を使って植物に組み込んだもの」、これが農務省など米国政府によるGMOの定義である。「感染力」や「毒性」など、ある種の危険性を持つバクテリアがGMO栽培には関与しているので規制が必要と考えられたわけだ。

ただし、ここでの「規制」とは「栽培禁止」を意味するのではない。たとえば「Btのようなバクテリアが持つ毒素は、あくまで害虫には影響を及ぼすが、人間には害はない」として、こうしたバクテリアの遺伝子を農作物に組み込む行為自体は禁止しない。むしろ、それによって開発された農作物の化学的成分が、人間に害を与える危険性がないか確認する安全検査をバイオ企業に義務づける。これがGMOに対する主な規制である。そして「危険な成分が含まれない」と判断されれば、栽培・発売しても構わない。実際、そうした安全検査をパスしたGMOは米国で栽培され、国内外の市場に出回っている。

一方、日本やEUなどの政府は、基本的に米国と同じ考え方に従ってGMOを規制している。ただし日本やEU加盟国では、GMOやこれを原材料として作られる一部食品に、「遺伝子組み換え」の表示義務を課している（米国には、そうした表示義務はこれまでなかったが、2016年7月から一部の州で義務化され、同月には連邦レベルでの表示義務も議会上院で可決された)。

またドイツやフランスなどEU域内の9ヵ国では、EU政府の基本方針からは独立してGMO栽培を禁止している。日本ではそこまで厳しい措置はとられていないが、消費者のネガティブな反応を気にして、日本の農家はGMOをほとんど栽培していない。

しかし主に米国などから輸入したGMO飼料(トウモロコシなど)で飼育された家畜の肉、あるいはGMO菜種などを原材料とする食用油など加工食品を通じて、(間接的にではあるが)大量のGMOが日本でも消費されている。これら間接的なGMO食品には、「遺伝子組み換え」の表示義務はない。逆に表示義務のある「豆腐」など一部食品には、生産者が消費者のネガティブな反応を恐れて、GMOを原材料として使っていない。

バクテリア不要ならGMOではない?

ゲノム編集クリスパーは、以上のようなGMOを巡る国際情勢を一変させるだろう。それは事態を好転させる可能性を秘めているが、逆に規制当局が対応を誤れば、現時点でさえ複雑な状況を、今後さらに悪化させるかもしれない。

少なくとも一時的な混乱を招く兆しはすでに現れている。クリスパーの開発競争で世界の先頭を走る米国で、農務省など当局がこの技術を持て余した結果、規制の空白地帯が生まれようとしているのだ。２０１６年5月までに米国の大学研究室などで、クリスパーをはじめとするゲノム編集によって開発された新型ＧＭＯは30種類以上に上る。この全てに対し農務省は「これらは（従来の）ＧＭＯの枠内に収まらない」つまり「規制の適用外」との判断を下し、事実上の野放し状況を生み出している。

たとえば米ペンシルベニア州立大学の植物学者イノン・ヤン博士は、２０１５年10月、白色のボタン・マッシュルームの遺伝子をクリスパーで改変し、時間が経っても褐色に変色しない新たなマッシュルームを開発した。こうすればスーパーマーケットや食料品店などの商品棚に並んでも、いつまでも色が変わらないので新鮮そうに見え、売り上げ増に貢献するというわけだ。

ヤン博士は、この新型マッシュルームが従来のＧＭＯ規制の対象になるかどうかを、農務省の担当部局に手紙で問い合わせた。２０１６年4月に博士の手元に届いた返事によれば、ヤン博士が開発した作物はＧＭＯ規制の対象外であるという。その理由は、この新型マッシュルームはその開発過程でアグロバクテリウムが使われていないし、Ｂｔのようなバクテリアから取り出した外来遺伝子も組み込まれていないからだ。

ヤン博士はクリスパーを使って、マッシュルームのＤＮＡ上にある、たった2文字分の塩基配列を消去するだけで、時間が経っても変色しないマッシュルームを作り出していた。その開発過程で（従来の規制対象である）バクテリアは一切使われていなかったので、農務省としては「規制の対象外」と判定せざるを得なかったのである。このマッシュルームを含む30種類以上のゲノム編集作物の全てが、これと全く同じ理由で、農務省から「GMO規制の対象外」との返答をもらっていた。

これを聞きつけたモンサントなど（米国市場でGMOの種子を売る）巨大バイオ企業は欣喜雀躍した。米国のGMO規制は決して伊達ではなかったからだ。確かにモンサントらがこれまでに開発した数々のGMOは、農務省などが定める安全検査をパスして商品化、つまり発売にまで漕ぎ着けた。が、そこに至るまでには、GMO（の種子から栽培された農作物）に含まれる化学的成分の安全性などを証明するために、（バイオ企業自身による）ときには10年以上もの長期にわたる試験栽培などを必要とした。これが巨額の開発コストへと結び付いていたわけだ。しかしゲノム編集作物が規制対象外ということになれば、それら全てが免除される。つまりバイオ企業は極めて短期間に低コストで、新たな遺伝子組み換え作物を次々と開発できることになる。

しかし実際には農作物の遺伝子をクリスパーで組み換えているのに、規制の対象外というのはおかしい。このため米消費者同盟（Consumers Union）などは今、「ゲノム編集作物も

ＧＭＯとして規制されるべきだ」と訴えている。また農務省など規制当局も新たな枠組みを作って、ゲノム編集作物を規制していくことを検討している。

科学的に見ても、ゲノム編集作物が本当に規制を必要としないほど安全なのかは、疑問の余地がある。確かにクリスパーを使えば、バクテリアなどから取り出した外来遺伝子をあえて農作物のＤＮＡに組み入れる必要はない。ちょうどワープロで文書を編集するようにＤＮＡの塩基配列を変えて、自由自在に農作物のＤＮＡを改変できるからだ。しかし、やろうと思えばクリスパーで外来遺伝子を農作物に組み入れることも可能で、その点では「従来型ＧＭＯと全然違うものである」とは言い切れないはずだ。

またクリスパーが「アグロバクテリウム」や「Ｂｔ」のようなバクテリアを必要としないからと言って、それがバクテリアと必ずしも無関係というわけではない。そもそも（塩基配列としての）クリスパーが発見されたのは「大腸菌」というバクテリアのＤＮＡ上である。また、それがゲノム編集技術へと応用される過程では、（第三章で学んだように）「ヒト食いバクテリア」の異名を持つほど獰猛な「化膿レンサ球菌」の核酸分解酵素が導入されている。これらを、もしも消費者団体の関係者らが聞きつければ、どんな反応を示すかは、今から火を見るよりも明らかだ。

しかし筆者は、そのようなクリスパーが必ずしも危険だと決めつけているわけではない。むしろ「バクテリアは（常識的に考えて）危険なものであるから、それをＧＭＯ規制の主な根拠にしよう」という従来の考え方の方が、ある意味で情緒的かつ非科学的であったのではないかと考えている。とは言え、これに代わる新たな規制の枠組みを構築していくのは一筋縄ではいかないだろう。

たとえば前述の新型マッシュルームの場合、科学者がクリスパーでたった2文字の塩基配列を消去しただけだが、もっと大量の塩基配列が修正された場合はどうなるだろうか？それがマッシュルームという植物のゲノム全体のバランスを崩し、当初は予想だにしなかった副作用が生じる可能性も、長期的には「ない」とは言い切れないはずだ。

もしも、ここまで踏み込んだ規制を作らねばならないとすれば、それはどれほど優秀な科学者をもってしても、相当長い年月を必要とするだろう。それまでの間、ただでさえ画期的商品の開発に余念がないバイオ企業らが、何もしないで待っていてくれることはあり得ない。

すでに米バイオ・ベンチャーのサイバス（Cibus、本社：カリフォルニア州）はクリスパーを使って除草剤への耐性を備えた菜種を開発し、「これはＧＭＯではない」と断った上で、大手穀物商社カーギルと組んで食用油や家畜飼料の原料として商品化した。同じく米国のケイリクスト（Calyxt、本社：ミネソタ州）は（マーガリンなどに加工された際）有害なトランス脂肪酸を生じない大豆などを開発し、「従来の遺伝子組み換えのような規制がないので、開発期間やコストを大幅に圧縮できる」とアピールしている。

バイオ業界再編の目玉となるクリスパー

彼らベンチャーがクリスパーを使った商品開発で先行する一方、世界の大手バイオ企業も、次世代ビジネスの構築に向かって動き出している。2015年12月、米ダウ・ケミカルとデュポンが合併を発表し、（規制当局から承認されれば）世界最大の化学・バイオ企業「ダウ・デュポン」が誕生することになった。ダウとデュポンは以前から農業を成長分野と考えていたが、米モンサントやスイスのシンジェンタに比べ（農業単独では）事業規模が劣るため、勝ち残るには合併が不可欠だった。

両社は合併後、種子・農薬の売上高で世界最大のメーカーとなる。彼らが今後、特に力を入れていくと見られているのがGMOの分野だ。今世紀中には世界人口が100億人を超えると見られる中、熱帯雨林などの自然破壊を避けるために耕作地の増加は限られてくる。単位面積当たりの収穫量を増やすためにも、遺伝子組み換え型の種子は世界的な需要拡大が見込める分野だ。

こうした農業の先端分野はバイオ事業と表裏一体の関係にあるが、この領域では今、事業再編の動きが目まぐるしい。ダウとデュポンの合併に刺激された中国化工集団は2016年2月、種子・農薬の分野で世界第2位のシンジェンタを買収することで合意に達した。

さらに同年5月には、ドイツの化学・バイオ大手バイエルが米モンサントの買収を提案。バイエルが提示した買収金額は620億ドル（当時の為替レートで約6兆8000億円）と、ドイツ企業による買収金額としては史上最高になる。ただしモンサントは2016年7月、この提案をひとまず拒否した。さらなる交渉によって、提示価格の引き上げを狙っていると見られる。つまり、本書執筆中の時点では、両社の合併が成立するかどうかは予断を許さないが、仮に成立すれば、種子・農薬の分野では（合併後のダウ・デュポンを抜いて）世界第1位となる。

ただ、バイエルの株価はモンサントへの買収提案が明らかにされた直後に約1割下落した。モンサントは遺伝子組み換え種子の世界最大手として知られ、以前から環境保護団体などの格好の標的となってきた。このモンサントを傘下に収めることによるPRリスクなどが、バイエル株価の下落につながったと見られる。しかしあえて、そうしたリスクをとってまでモンサント買収の動きに出たことは、同社がいかにGMOを中心とするバイオ事業に期待を寄せているかの証とも見ることができる。

バイエルはまた、（クリスパー共同発明者の一人であるエマニュエル・シャルパンティエ氏らが設立した）クリスパー・セラピューティクスに３５００万ドル（35億円前後）を出資し、２０１６年に新たな合弁会社を設立した。バイエルはさらに、アイルランドのベンチャー企業「ＥＲＳゲノミクス」からクリスパー技術のライセンス供与を受ける契約を結んだ。ＥＲＳゲノミクスは、同じくシャルパンティエ氏がクリスパー技術の知的財産権を事業化するため、２０１３年に設立した会社だ。

モンサントの買収交渉が成立するか否かにかかわらず、バイエルは今後、その豊富な資金力をクリスパー関連の技術開発に注ぎ込み、バイオ、農業、医薬品などの分野で世界的なリーディング・カンパニーとなることを目指している。同社のような巨大資本が加わることによって、ＧＭＯを巡るクリスパーの実用化に勢いがつくことは間違いない。

巻き返しを図る日本

進境著しいクリスパーなどゲノム編集がカバーする産業は多岐にわたる。ＧＭＯのような農業は元より、食品、製薬、医療、バイオ、化学……と数え上げれば切りがない。これらの分野で世界的な開発競争が加速する中、日本の出遅れが関係者の間で危惧されている。

もちろん日本でもゲノム編集に関する研究は活発に行われている。たとえば医療分野では京都大学iPS細胞研究所の堀田秋津助教らの研究チームが、2014年に筋ジストロフィー患者から作製したiPS細胞にTALENやクリスパーを適用。これによって病気の原因となる遺伝子の異常を修復し、正常な筋肉細胞を作ることに成功した。実際の治療に応用するには、こうして作った細胞を患者の体内に戻す研究が必要だが、難病克服の突破口として期待されている。

あるいは農業分野では、筑波大学・生命環境科学研究科の江面(えづら)浩教授らの研究チームが、ゲノム編集を使って「腐りにくいトマト」などの開発に成功。これによって野菜が廃棄処分されるケースが少なくなり、食糧不足の解消につながるという。また農業生物資源研究所の土岐精一博士らのチームは、稲をゲノム編集して「収穫量が多い」「アレルギー物質を含まない」など、多彩な品種改良を加える研究開発を行っている。

漁業分野では京都大学大学院の木下政人助教らが近畿大学水産研究所と共同で肉量の多い魚を開発した。筋肉生成を抑制するミオスタチン遺伝子をクリスパーで消去することによって、鯛などの養殖魚の肉量を通常の1・5倍にまで増加させることに成功した。

このように実に多彩な研究が行われているが、ゲノム編集に関する研究論文の数を見ると、日本は欧米よりも遥かに後れをとっている(図21)。

【図21】ゲノム編集に関する論文の発表件数（2002～15年）
欧米が圧倒的に多く、日本は中国と並ぶ程度
出典："Meet one of the world's most groundbreaking scientists. He's 34."
Sharon Begley, STAT, November 6, 2015

日本におけるゲノム編集の第一人者と目される山本卓氏（広島大学大学院教授）は「（ゲノム編集の分野で日本は）このままでは海外に追いつけなくなる」と警告。こうした現状を打開するため同氏は、２０１６年４月に日本ゲノム編集学会を立ち上げた（「『中国にも出遅れ』ゲノム編集学会が反撃の砦に」、松元英樹、日本経済新聞電子版、２０１６年３月23日付より）。

ゲノム編集が関わる様々な分野の中でも、特に農業分野で日本の論文件数が少ない理由について山本教授は「（かつて）遺伝子組み換え食品が国内で広がらなかったのがトラウマになっている」と見ている。研究者から見れば「一生懸命やっても何にもならなかった」という過去の苦い記憶のせいで、クリスパーのような新しい技術による品種改良にも及び腰になっているというわけだ。

またゲノム編集によって作られた農作物や魚、家畜、さらには加工食品などを扱うための政府によるガイドライン（規制の枠組み）が整備されていないことも、研究者から見て不安材料になっているとの見方もある。このあたりの不透明な状況は、米国の農務省などが（少なくとも現時点では）「クリスパーで品種改良された農作物は規制の対象外」と明言したのとは、一見対照的にも思える。が、前述の通り、実は米国でもゲノム編集に対応した新たな規制の在り方を検討し始めたことを考えると、この点では、それほど日本が遅れているとは言えない。

むしろ最大の問題は知的所有権、つまり特許権を、欧米の大学や企業に押さえられてしまったことだ。特に最強のゲノム編集技術であるクリスパー関連の基本特許は、（現在進行中の特許紛争が最終的にどう転ぶにせよ）ダウドナ、シャルパンティエ、そしてチャンの各氏らを中心とする欧米勢がしっかり押さえている。

彼らは大学などによる純粋な科学研究に対しては無償で特許技術を提供するが、商用の研究開発にはライセンス料（特許使用料）を請求する。今後、日本企業などがクリスパーを使って本格的な商品開発に乗り出した場合、相当の対価を支払う必要が出てくるだろう。

このため日本では大学などを中心に「日本発のゲノム編集技術を独自開発しよう」という意見が強く、実際にそうした研究開発もすでに着手されている。ただし、これには相応の時間がかかる。このため山本教授らは「いつまでも（日本独自の技術を）待っていたら、もう海外に追いつけなくなる。今すぐにでもクリスパーに取り組み、国内技術を蓄積しなければならない」と促す。

またクリスパーによる免疫不全症の治療法を研究する濡木理氏(東京大学大学院教授)は、「(医療など)実践的な技術やノウハウを含むゲノム編集ツールを我々が先に作ってしまえばいい」と提案する。医療のような応用技術を開発すれば、基礎技術を持つ海外勢とクロスライセンスを結ぶことで対等な立場に持ち込めると見ているのだ(「『神の手』ゲノム編集 ブタが開く遺伝子治療の扉」、松元英樹、日本経済新聞電子版、2016年1月26日付より)。

同じ過ちを繰り返さないために

ほんの数年前まで「クリスパー(CRISPR)」は一般人はおろか、分子生物学の専門家の間でさえ「謎めいた暗号」のような存在だった。しかし今やこの技術は医療や製薬、さらには農業など、私たち人類の存立に関わる分野に革命をもたらそうとしている。

一方で「生殖細胞への応用」や「遺伝子組み換え作物への規制」、さらには「遺伝子ドライブが生態系に与える影響」など懸念や課題も山積している。特に「クリスパーによって優生学が復活するかもしれない」という恐れは深刻だ。

第二章でも簡単に触れたが、「遺伝的に優れた者のみが子孫を残すべきだ」とする優生学の思想は、19~20世紀にかけてナチス・ドイツのみならず米国などにも広がった。後にノーベル平和賞を受賞するセオドア・ルーズベルト大統領(1901〜1909年在任)でさえ、優生学的な考え方を支持していたと伝えられる。当時の米国では「社会的コストを最小限に抑える」という理由から、裁判官が知的障碍者への避妊手術を命令したこともある。ある時代における良識や常識などというものは、後から振り返れば極めて非人道的で頼りにならない場合が多い。

今、21世紀を生きる私たちが同じ過ちを繰り返すことがないと、どうして断定できようか。美容整形手術を受けることは今や珍しいことではなく、性別さえも自由に選択する時代になっている。しかし「なりたい者になれる時代」には、思わぬ落とし穴が待ち受けているかもしれない。クリスパーなどゲノム編集が普及すれば、私たちは遺伝子レベルで「なりたい者」になる力を手に入れることになる。しかし、それは逆に「遺伝的に問題あり」とみなされた人間が、たとえば「犯罪の予防」や「社会的コストの低減」などを口実に、そのままでいることを許されない社会を招く恐れはないだろうか。初期の対応を誤ると、取り返しのつかない事態を引き起こしてしまうことを、私たちは今から肝に銘じておく必要があるだろう。

が、一方でそうした危惧に対する過剰反応が科学の発達を損なう恐れもある。最適なバランスをどうとるか。これは今後、極めて微妙で難しい問題として私たちに迫って来るはずだ。しかし少なくとも基礎研究については、もはや立ち止まって考えている余裕はない。ゲノム編集を取り巻く法制度の整備や規制の枠組みなどは、走りながら考えねばならない状況となっている。

今、この分野は爆発的なスピードで進歩している。その先頭を走る米ブロード研究所のチャン博士らは２０１６年６月、米「サイエンス」誌に「人間の口内細菌から新種のクリスパーを発見した」と報告した。この新たなクリスパーをゲノム編集に使えば、（従来のようなＤＮＡに加え）新たにＲＮＡも改変できるようになるという。この技術を医学に応用すれば、狙ったがん細胞をピンポイントで攻撃する高精度医療などに弾みがつくと期待されている。

また今でも、こうした新種のクリスパーが発見されるということは、日本独自のゲノム編集技術を開発することが、それほど大それた夢ではないことも示唆している。従来とは根本的に違う素材さえ見つかれば、それをベースにゼロから新しいゲノム編集技術を構築できるはずだ。

その一方で、ゲノム編集のさらに先を見越した研究も始まっている。（前述の）ハーバード大学のジョージ・チャーチ教授らは２０１６年６月、ヒトのＤＮＡを完全に化学合成するプロジェクトを立ち上げた。つまり私たち人間の設計図を全くのゼロから描き上げるということだ。

今から20年以上も前の1990年、米国を中心に人間のDNAの全塩基配列（ゲノム）を解読するプロジェクト「ヒト・ゲノム計画（Human Genome Project：HGP）」が開始され、総額30億ドルの予算を費やした後、2003年に全塩基配列の解読を成し遂げた。

これに対しチャーチ教授ら25名の発起人（全員が科学者）が新たに立ち上げたプロジェクトは、ゲノムを解読するのではなく、ゼロから書きあげることから「ヒト・ゲノム設計計画（Human Genome Project-Write：HGP－W）」と命名された。米国政府からの予算は下りていないが、チャーチ教授らの推計では、同プロジェクトが完了するまで今後10年間で、総額10億ドル（1000億円前後）程度の資金が必要になるという。

そのように人工的に作り上げたゲノム（DNA）を科学者たちは、一体何のために使おうとしているのか？　たとえば「あらゆるウイルスへの耐性を備えた臓器開発など、医療技術の進歩に資することができる」と彼らは述べている。が、たとえ人工的に作り出したDNAでも、そこから全くの人造人間を誕生させることは（原理的には）あり得るはずだ。

しかし、それ以前に、ヒトのDNAをゼロから作り出すということが本当に可能なのか？　たとえば、かつて政府主導のヒト・ゲノム計画と競合し、企業単独で人間の全塩基配列の解読を成し遂げた、米国の起業家・分子生物学者クレイグ・ベンター氏。彼の率いる研究チームが、2010年に約100万塩基対（bps）からなるバクテリアのゲノムを人工的に合成することに成功し、今もその研究開発を続けている。しかしヒトのゲノムは、その3000倍以上の約32億塩基対と途方もなく大きい。「少なくとも現時点の技術力では難しいのではないか」と見る専門家が大勢を占めている。

また仮にやれたとしても、そもそも、そんなことが倫理的に許されるのか？　「ヒト・ゲノム設計計画」が発表されるやいなや、これに対する周囲の反応は「懐疑」や「抗議」などネガティブ一色に塗り潰された。しかし現時点では狂気じみたとさえ思われるプロジェクトに25名もの一流科学者が賛同し、彼らの計画書が（世界的に権威ある学術誌）「サイエンス」に掲載されたことも、また事実。つまり全く根も葉もない作り話とは言い切れないのである。

私たち人類は自らとそれを取り巻く動植物など生態系を、自由自在に設計する力を手にいれようとしている。私たちの生み出した科学が「神の領域」に踏み込もうとしている今、私たちの心と身体は相変わらず、無知と不安が渦巻く「ヒトの世界」に取り残されたままだ。しかし私たちにもはや、後戻りは許されない。

おわりに

飽くなき発達を遂げる科学技術の諸分野において、今、非常な注目と期待を集めているフロンティアが2つある。それは最近、世界的なブームを巻き起こしているＡＩ（人工知能）、そして本書のテーマとなったゲノム編集だ。

これらがなぜ今、人々の高い関心を引いているのか？　その背景には、私たちを取り巻く社会構造の変化がある。

それは（先進諸国の多くに共通する）「生産年齢人口の減少」である。たとえば日本では、65歳以上の人間一人に対する15～64歳の人の割合は、２０１５年の2・3人から２０５０年には1・3人へと急減する見通しだ（総務省のデータより）。

この日本ほどではないが、欧州の状況もやはり深刻だ。欧州委員会のデータによると、65歳以上一人に対する15～64歳の割合は、２０１５年の4人から２０５０年には2人となる。また伝統的に多くの移民を受け入れてきた米国も、（欧州ほどではないにしても）高齢化に伴う就業者への依存度は上昇し続けている。

中国の人口動態はさらに劇的に変化している。中国国家統計局によれば、80歳以上の人口は年間100万人ずつ増加しており、2050年には1億人を超える見込みだ。しかし近年まで推し進められた、いわゆる「一人っ子政策」のつけで、急激に進む高齢化社会を支える労働力が足りない。

世界を覆う、こうした生産年齢人口、つまり労働者の減少をどうカバーすればいいのか？

一つの答えはＡＩ、ないしはそれを搭載した知的ロボットの活用である。昨今、ＡＩの急激な発達によって人間の雇用が奪われるとの懸念が持ち上がっているが、見方を変えると全く別の切り口が浮かび上がってくる。つまり高齢化が進む日本や欧米、さらに中国などでは、ＡＩや知的ロボットは人間の雇用を奪うというより、むしろ足りなくなった労働力人口を補う「救世主」としての意味合いが強いということだ。

労働力の構造的な減少を補う、もう一つのやり方は、ＡＩやロボットのような外部の力に頼るというより、むしろ人類自体を遺伝子レベルで強化することによって、社会全体の生産性を上げることだ。

これは特に日本のような超成熟国家にとって大きな意味を持つ。国と地方自治体を合わせた債務が１０００兆円を超える中、（もちろん「無駄な公共事業やバラマキ財政」など政府の失策も忘れてはいけないが）その大部分が社会保障費の増大によると言われる。しかし出生率の急激な改善が期待できない以上、悪化の一途をたどる国家財政を立て直すためには、全く別の手を打つ必要がある。

　そのために期待されているのがクリスパーのようなゲノム編集なのだ。実際、本書でも紹介したように米ハーバード大学のジョージ・チャーチ教授やデイビッド・シンクレア教授ら、医学やライフ・サイエンスの第一線で活躍する科学者たちが、クリスパーで人間を強化したり、その若返りを図るといった研究に着手している。これらの試みが成功すれば、これまで事実上、労働力としてカウントされなかった高齢者人口が新戦力として加わることになる。

　しかし技術的にそれが可能になったとしても、大きな問題が残されている。それは倫理面でのガイドラインが存在しないことだ。本書で指摘したように、ゲノム編集によって生物のＤＮＡ（いのち）を自由自在に操作するという、いわば「神の領域」に人類が踏み込もうとしている今、私たちの行くべき道を指し示してくれる道標が見当たらないのだ。

　まず伝統的な宗教は恐らく頼りにならない。それらの教養には、「人間が受精卵から誕生する」といった生命科学の基本事項すら記されていないからだ。

では宗教に代わる「合理主義」、あるいは私たち人類に本能的に備わっている「愛」なら、どうであろうか？　残念ながら、これらをガイドラインとすることも難しいだろう。たとえばグーグルのように「人は５００歳まで生きられる」とまでは言わないにしても、ゲノム編集によって人の寿命を大幅に延ばすことは、いずれ可能になるだろう。しかし地球上の資源の制約などから、皆が、そう何百年も生きることは流石に許されまい。

つまり従来の神（自然）に代わって、人類自身が自らの寿命をコントロールする時代が訪れたとき、人は何歳まで生きることが許されるだろうか？　これに対する答えを、「合理主義」や「愛」から導き出すことはできないだろう。

従うべき何かを見出す前に（神のごとき）「全能の技術」を手に入れてしまった私たち人類は、これから、どう進むべき道を決めていけばいいのか？　今の筆者に、その答えは思い浮かばない。あなたにはわかるだろうか？　少なくとも、それを考える手がかりに本書がなり得たと願って、その筆を置きたい。

最後までお読みいただき、ありがとうございました。

講談社現代新書　2384

ゲノム編集とは何か——「DNAのメス」クリスパーの衝撃

二〇一六年八月二〇日第一刷発行

著　者　小林雅一

発行者　鈴木　哲

発行所　株式会社講談社

東京都文京区音羽二丁目一二—二一　郵便番号一一二—八〇〇一

電　話　〇三—五三九五—三五二一　編集（現代新書）

〇三—五三九五—四四一五　販売

〇三—五三九五—三六一五　業務

装幀者　中島英樹

印刷所　凸版印刷株式会社

製本所　株式会社大進堂

定価はカバーに表示してあります　Printed in Japan

N.D.C. 460　247p　18cm

ISBN978-4-06-288384-9

「講談社現代新書」の刊行にあたって

教養は万人が身をもって養い創造すべきものであって、一部の専門家の占有物として、ただ一方的に人々の手もとに配布され伝達されうるものではありません。

しかし、不幸にしてわが国の現状では、教養の重要な養いとなるべき書物は、ほとんど講壇からの天下りや単なる解説に終始し、知識技術を真剣に希求する青少年・学生・一般民衆の根本的な疑問や興味は、けっして十分に答えられ、解きほぐされ、手引きされることがありません。万人の内奥から発した真正の教養への芽ばえが、こうして放置され、むなしく滅びさる運命にゆだねられているのです。

このことは、中・高校だけで教育をおわる人々の成長をはばんでいるだけでなく、大学に進んだり、インテリと目されたりする人々の精神力の健康さえもむしばみ、わが国の文化の実質をまことに脆弱なものにしています。単なる博識以上の根強い思索力・判断力、および確かな技術にささえられた教養を必要とする日本の将来にとって、これは真剣に憂慮されなければならない事態であるといわなければなりません。

わたしたちの「講談社現代新書」は、この事態の克服を意図して計画されたものです。これによってわたしたちは、講壇からの天下りでもなく、単なる解説書でもない、もっぱら万人の魂に生ずる初発的かつ根本的な問題をとらえ、掘り起こし、手引きし、しかも最新の知識への展望を万人に確立させる書物を、新しく世の中に送り出したいと念願しています。

わたしたちは、創業以来民衆を対象とする啓蒙の仕事に専心してきた講談社にとって、これこそもっともふさわしい課題であり、伝統ある出版社としての義務でもあると考えているのです。

一九六四年四月　野間省一

自然科学・医学

J

心理・精神医学

331 異常の構造──木村敏
590 家族関係を考える──河合隼雄
725 リーダーシップの心理学──国分康孝
824 森田療法──岩井寛
1011 自己変革の心理学──伊藤順康
1020 アイデンティティの心理学 鑪幹八郎
1044 〈自己発見〉の心理学 国分康孝
1241 心のメッセージを聴く 池見陽
1289 軽症うつ病──笠原嘉
1348 自殺の心理学──高橋祥友
1372 〈むなしさ〉の心理学 諸富祥彦
1376 子どものトラウマ──西澤哲
1465 トランスパーソナル心理学入門──諸富祥彦
1625 精神科にできること 野村総一郎
1752 うつ病をなおす──野村総一郎
1787 人生に意味はあるか 諸富祥彦
1827 他人を見下す若者たち 速水敏彦
1922 発達障害の子どもたち──杉山登志郎
1962 親子という病──香山リカ
1984 いじめの構造──内藤朝雄
2008 関係する女 所有する男──斎藤環
2030 がんを生きる──佐々木常雄
2044 母親はなぜ生きづらいか──香山リカ
2062 人間関係のレッスン 向後善之
2076 子ども虐待──西澤哲
2085 言葉と脳と心──山鳥重
2090 親と子の愛情と戦略 柏木惠子
2101 〈不安な時代〉の精神病理──香山リカ
2105 はじめての認知療法──大野裕
2116 発達障害のいま──杉山登志郎
2119 動きが心をつくる──春木豊
2121 心のケア──加藤寛 最相葉月
2143 アサーション入門──平木典子
2160 自己愛な人たち──春日武彦
2180 パーソナリティ障害とは何か──牛島定信
2211 うつ病の現在──佐古泰司 飯島裕一
2231 精神医療ダークサイド 佐藤光展
2249 「若作りうつ」社会──熊代亨

K

知的生活のヒント

哲学・思想Ⅰ

66 哲学のすすめ——岩崎武雄
159 弁証法はどういう科学か 三浦つとむ
501 ニーチェとの対話——西尾幹二
871 言葉と無意識——丸山圭三郎
898 はじめての構造主義 橋爪大三郎
916 哲学入門一歩前——廣松渉
921 現代思想を読む事典 今村仁司 編
977 哲学の歴史——新田義弘
989 ミシェル・フーコー 内田隆三
1001 今こそマルクスを読み返す 廣松渉
1286 哲学の謎——野矢茂樹
1293 「時間」を哲学する——中島義道
1315 じぶん・この不思議な存在——鷲田清一
1357 新しいヘーゲル——長谷川宏
1383 カントの人間学——中島義道
1401 これがニーチェだ——永井均
1420 無限論の教室——野矢茂樹
1466 ゲーデルの哲学——高橋昌一郎
1575 動物化するポストモダン 東浩紀
1582 ロボットの心——柴田正良
1600 ハイデガー＝存在神秘の哲学——古東哲明
1635 これが現象学だ——谷徹
1638 時間は実在するか 入不二基義
1675 ウィトゲンシュタインはこう考えた 鬼界彰夫
1783 スピノザの世界——上野修
1839 読む哲学事典——田島正樹
1948 理性の限界——高橋昌一郎
1957 リアルのゆくえ——大塚英志 東浩紀
1996 今こそアーレントを読み直す——仲正昌樹
2004 はじめての言語ゲーム——橋爪大三郎
2048 知性の限界——高橋昌一郎
2050 超解読！ はじめてのヘーゲル『精神現象学』 竹田青嗣 西研
2084 はじめての政治哲学 小川仁志
2099 超解読！ はじめてのカント『純粋理性批判』 竹田青嗣
2153 感性の限界——高橋昌一郎
2169 超解読！ はじめてのフッサール『現象学の理念』——竹田青嗣
2185 死別の悲しみに向き合う——坂口幸弘
2279 マックス・ウェーバーを読む——仲正昌樹

哲学・思想 II

日本語・日本文化

105 タテ社会の人間関係 中根千枝
293 日本人の意識構造——会田雄次
444 出雲神話——松前健
1193 漢字の字源——阿辻哲次
1200 外国語としての日本語——佐々木瑞枝
1239 武士道とエロス——氏家幹人
1262 「世間」とは何か——阿部謹也
1432 江戸の性風俗——氏家幹人
1448 日本人のしつけは衰退したか——広田照幸
1738 大人のための文章教室 清水義範
1943 なぜ日本人は学ばなくなったのか——齋藤孝
2006 「空気」と「世間」——鴻上尚史
2007 落語論——堀井憲一郎
2013 日本語という外国語 荒川洋平
2033 新編 日本語誤用・慣用小辞典 国広哲弥
2034 性的なことば——井上章一 斎藤光 澁谷知美 三橋順子 編
2067 日本料理の贅沢——神田裕行
2088 温泉をよむ——日本温泉文化研究会
2092 新書 沖縄読本——下川裕治 仲村清司 著・編
2127 ラーメンと愛国——速水健朗
2137 マンガの遺伝子——斎藤宣彦
2173 日本人のための日本語文法入門——原沢伊都夫
2200 漢字雑談——高島俊男
2233 ユーミンの罪——酒井順子
2304 アイヌ学入門——瀬川拓郎